Rethink
About
Cat Nutrition

貓咪的食萬個為什麼

圖解「吃」的學問與科學

作者 陳千雯 · 繪者 黃郁文

CONTENTS

Chapter.1
貓咪的基本營養需求

2-2 成長期階段

2-3 成年期階段

2-4 懷孕和哺乳期階段

2-5 老年期階段

Chapter.3

常見疾病與營養

3-4 糖尿病（Feline diabetes mellitus）

3-5 甲狀腺功能亢進症（Feline hyperthyroidism）

3-6 自發性膀胱炎（Feline idiopathic cystitis）

3-7 下泌尿道結石（Feline urolithiasis）

作者序

幾年前決定寫這本書時，只是很單純的因為喜歡貓咪，想了解貓咪這種動物在營養上和人類有什麼不同，也很想了解在疾病中飲食營養所扮演的角色。當我開始動筆寫書，以及翻閱的書籍和期刊越來越多之後，只覺得「營養」這門科學比想像中更複雜。

在寫書的期間，偶然看了一本亞當・格蘭特所寫的《逆思維》（Think again），其中有段文字大概的意思是這樣的：「要用科學家的模式去思考，而不是用傳教士、檢查官或是政治人物模式去思考。因為科學家模式會讓我們更積極，並保持開放的心態，去重新思考原本認為是對的、但現在可能是不適合的觀念，而重新去修正它。」

人們很常在看到一件事時，會用比較直觀的想法去分辨對與錯，或是用既有的觀念思考這件事。《逆思維》這本書在我寫作的過程中，幫助我重新思考許多觀念，例如前陣子看了一位獸醫師分享她的 FB 文章，裡面提到「牛磺酸不是一種胺基酸」，在「牛磺酸是胺基酸」的觀念已經根深柢固的情況下，這無疑是個衝擊。

但人本來就要不斷的重新檢視和思考，才不會被原有的框架框住了，別固執認為原本的知識永遠是對的。就像是科學家總會不停提出新的想法、新的實驗，來證實與原來不同的觀點或新知識。

原本我只是想要告訴大家貓咪在營養需求上的特別之處，但在了解越多後，就一直在思考這本書我想傳達些什麼？我沒辦法教貓孩的家長怎麼讓貓咪吃得健康，因為我不是專業的營養獸醫師，但我想把一些觀念分享出去，希望透過書裡的內容、經由觀念的碰撞，讓大家重新思考那些所謂的「正確答案」是否真的是「唯一」的答案。

我盡自己所能寫出較正確的觀念，也或許還是會出現一些錯誤的地方，也請大家發揮「科學家模式」去思考並給予指正。

前台北中山動物醫院主治醫師

前 101 台北貓醫院院長

來地喵喵貓醫院院長

陳千雯

繪者序

「陳醫師妳在寫什麼？」
「我想寫一些跟貓咪營養相關的書。」
「哦～我來看看！」
「妳覺得怎麼樣？」
「要不我來幫妳畫插圖，或許可以讓書變得更有趣？」

只有短短幾分鐘的對話，是讓我決定加入完成這本書的契機。雖然決定參與的過程很短，但討論卻花費了好久時間，已經不記得花費了多少個下午、多少個假日，才終於把這本書給完成。

照顧貓咪時，飲食是每日必須面對的難題，就像我們每天都要煩惱午餐吃什麼一樣；而如果是小貓生病了，相信許多把拔馬麻也會一時之間手足無措，即使面對醫生的講解也處於腦袋資訊爆炸的狀態。所以，在這種混亂的時刻，希望這本書可以提供有用的訊息或幫助，或許裡面可愛的插畫能緩解你的焦慮呢！

我是一個閱讀文字理解比較慢的人，所以比起小說，更喜歡文字少卻可以很快將人帶入情境的漫畫。會決定畫這本書的插圖有兩個原因：一個是想將枯燥的文字內容穿插大量可愛的圖片，讓大家容易理解比較難懂的部分；另一個則是希望大家在閱讀書籍時也能感受到療癒。

我喜歡畫圖，這是我第一次用全電繪的方式創作，也同時利用自己的獸醫背景，將我們想表達的東西用童趣的方式呈現，希望大家能更有興趣的把這本書啃完！

101 台北貓醫院主治醫師　黃郁文

chapter .1.

貓咪的基本營養需求

＊本書以「他」字取代「牠」，代表貓咪在我們眼中是最親愛的家人，是家中的一分子。

1-1 貓咪特殊的身體構造

這幾年來因為工作的關係，接觸到許多養貓的家庭，發現越來越多的家長開始注意能讓貓咪飲食更營養的食物成分；從市售的乾食與罐頭，到自製鮮食、生食和零食，貓咪食物的選擇也更加多樣化。

於是家長們對於貓咪營養的問題，也變得越來越多，例如：貓咪該吃什麼類型的飲食比較健康？乾食或濕食究竟哪種好？生病的貓咪可以吃些什麼？在探討這些常見問題之前，必須先了解貓咪這個特別的生物！

早期社會以農業為主，養狗狗和貓咪大部分都是用來看家或抓老鼠，只要能提供給他們足以溫飽的食物就好，在飲食上自然不會太注重；隨著時代進步，人類的生活型式改變，現在的狗狗和貓咪對人類來說，已經變成家裡的一分子了！但畢竟他們終究和人類是不同的物種，因此，在生理、行為和飲食代謝上自然會有所不同。

貓咪的演化（Phylogenic tree of the cat）

目前大部分的人都認為家貓是由 4000 ～ 10000 年前的非洲野貓（Felis silvestris）演化而來，並且在公元 2300 年開始，就有與埃及人同居的紀錄了。

很多人都知道貓咪是食肉性動物，但他們是怎麼演化來的呢？在早期的演化樹中，貓科動物是由食肉目（Carnivora）群組分化來的食肉性動物。食肉目除了貓科動物外，還包括犬科、棕熊科、熊貓科、黃鼠狼科、浣熊科和鬣狗科，雖然都屬於食肉目，但這些食肉目

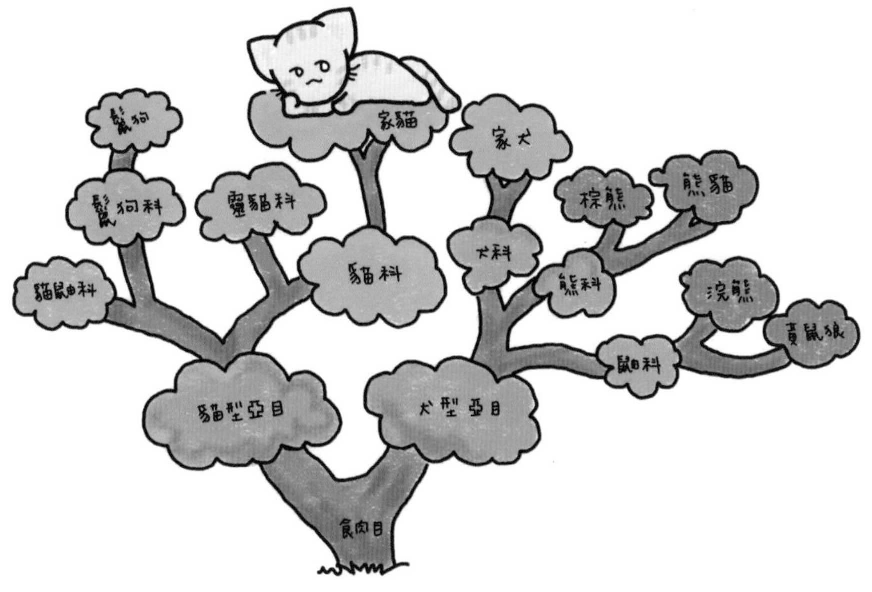

▲ 貓咪的演化樹

的飲食種類卻非常多樣化。舉例來說，犬科和棕熊是屬於雜食性動物，大熊貓是草食性動物，而貓科動物則是食肉性動物，所以，並不是所有食肉目動物都是吃肉的喔！

貓咪是食肉性動物

貓咪祖先「非洲野貓」的生活環境中，能獲得的食物大多為小型嚙齒類、爬蟲類或昆蟲等為主。因此，身體自然而然演化出特殊的食肉性飲食，形成了獨特的身體代謝和營養需求，而這些獨特性在現今的家貓身上依然被保留。

因為這些獨特的代謝和營養需求，貓咪必須攝取動物性飲食來滿足身體的需求，植物性飲食無法提供完整的營養需求。那麼，究竟食肉性的貓咪在演化改變後，身體構造和生理狀況與人類、狗狗有什麼不同之處呢？

身體構造和生理的不同

因為貓咪食肉的特性，為了能更容易獲得食物，在身體構造上的演化讓他們生來就是個狩獵高手，這些改變包括以下幾種特徵：

1. 視力

貓咪不像人類一樣能分辨很多種顏色，雖然色彩辨識能力比人類差，但貓咪的夜間視力和動態視力卻非常好。夜視能力可以幫助貓咪在黑暗時辨視周圍環境狀況並活動自如，動態視力則可以幫助他們更專注，更容易捕捉到快速移動的小型獵物，即便是一隻小蟲子，也難逃貓咪的「法眼」。

▲ **貓咪的動態視力好，能專注在小型、移動快的物體**

2. 聽力

貓咪耳朵的外形直立，呈漏斗形狀的耳廓可以接收來自四面八方的聲音，並將聲音收集到內耳，因此貓咪的聽力可是非常好喔！

除此之外，與聽力相關的肌肉約有 30 條，這些肌肉可以控制耳朵轉動，幫助精確定位和識別聲音來源，還可以接收到囓齒動物微弱而高亢的音頻。這些聽力上的優勢，對於貓咪狩獵時的幫助非常大。

▲ 貓咪的聽覺敏銳，能定位高亢的聲音

3. 嗅覺

貓咪的嗅覺比人類還要敏銳，加上位於上顎前端的犁鼻器輔助，讓嗅覺成為貓咪重要的感覺器官之一。嗅覺會引導貓咪找到獵物，除了幫助他們分辨眼前的食物能不能吃，還可以刺激貓咪的食慾。此外，嗅覺在貓咪的社交行為上也很重要，透過嗅覺能知道附近是否有其它貓咪入侵，以及哪裡有發情的貓咪。對貓咪而言，嗅覺甚至比味覺更重要，說他們是靠嗅覺來決定要不要「吃」也不為過！

4. 觸覺

觸覺在貓咪的狩獵上也是不可缺少的感覺器官，這裡就來談談跟貓咪狩獵有關的觸覺。貓咪最讓人耳熟能詳的觸鬚，應該就是鬍鬚了，但除了鬍鬚之外，臉頰、下巴和前腳後方也都有觸鬚分布。觸鬚是貓咪敏銳的雷達系統，它們嵌入皮膚裡的深度比一般毛髮還深，加上遍布皮膚的感覺神經，讓觸鬚可以偵測到周圍小動物運動的氣流和溫度變化，讓貓咪在昏暗光線中也能找到獵物。此外，觸鬚也可以協助貓咪測量身體附近物體的距離，避免碰撞。

▲ 貓咪的五官

5. 肉墊與爪子

肉墊和爪子也是讓貓咪成為狩獵高手的最佳武器，可以縮放自如的爪子就像鋒利的刀子，非常適合用來攀爬和捕捉獵物。當貓咪靜悄悄跟蹤獵物時，爪子會縮回手掌內，減少走路時爪子在地面的敲打聲音；柔軟的肉墊可以充當避震器和消音器，讓貓咪在狩獵時減少聲音，並潛行追蹤獵物而不會被發現。

▲ 貓咪的觸毛多，有良好的觸覺；
肉墊和可收起的爪子能減少行走時的聲音

6. 消化器官

貓咪和人類一樣，消化器官是從口腔開始，結束於肛門。因為食肉性飲食的關係，貓咪的消化器官功能會與其它動物（如狗狗）有些不同。

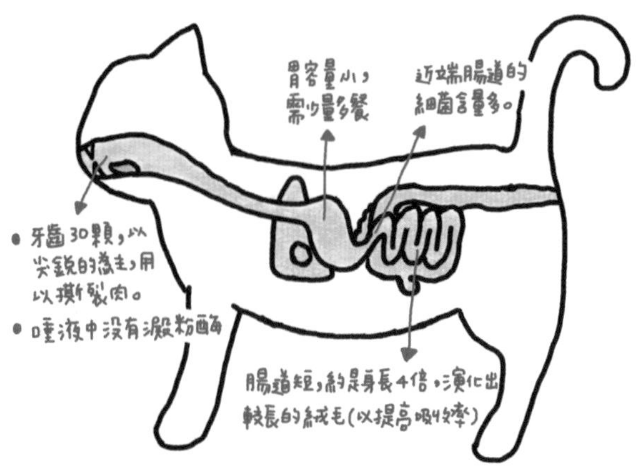

▲ 貓咪的消化器官適合肉食

a. **牙齒及口腔構造** __

貓咪牙齒主要的功能是在狩獵、進食和保護自己。一般成年貓咪有 30 顆牙齒，包括了門齒、犬齒、前臼齒和臼齒，每種牙齒都有各自不同的功能。例如，門齒是用來梳理身體的毛髮，犬齒是用來殺死獵物，臼齒和前臼齒則是切割食物。

此外，貓咪牙齒的形狀和人類或草食獸不同，人類的牙齒是方形有凹溝的平面，可以研磨食物；而貓咪是像山峰一樣的尖銳，在進食的時候牙齒無法研磨，而是切開和穿刺食物，再加上貓咪的顎關節是上下運動，所以牙齒主要是用在切斷肉而不是磨碎肉。這些口腔構造都符合典型肉食性動物的進食模式。

b. **消化酶** * __

貓咪的獵物主要是以小型動物為主，它們的組成成分主要為蛋白質和脂肪和少量的碳水化合物。因此，貓咪的口腔中缺乏消化碳水化合物的唾液澱粉酶，而胰澱粉酶的含量也比狗狗少，所以比較無法有效消化和利用大量的飲食碳水化合物。

c. **胃** __

貓咪的胃和狗狗一樣，會分泌胃液幫助食物的消化。而在胃的大小上，貓咪的比狗狗小，因此無法一次裝載很多，或是消化大量的食物；雖然貓咪無法一次吃太多的食物，但胃內的 pH 值比較低，可以促進蛋白質分解，還能有效殺死食物中的細菌。這個特性與貓咪適合動物性飲食有關。

d. **腸道的長度** __

每種物種的腸道長度都不一樣，適合消化的飲食種類也就會有所不同。貓咪的腸道長度（腸道：身長約 4：1）

* 酶：
也可以稱為酵素（Enzyme），是體內消化食物（如消化酶）和細胞進行生化反應（如代謝酶）的催化劑，這些酶都是由身體製造，當缺乏時，身體就無法正常的新陳代謝和消化吸收營養。

比狗狗（腸道：身長約 6：1）、人類或其它雜食動物短；因為腸道長度較短，所以比較適合動物性蛋白質和脂肪的吸收，但不利於複雜碳水化合物的消化。

因為腸道的長度比較短，可以讓食物（例如肉類）在很短時間內快速通過消化系統，避免停留在腸道中過久而腐壞和產生毒素，造成身體的傷害。這也是貓咪適合消化動物性飲食，而非植物性飲食的主要原因之一。

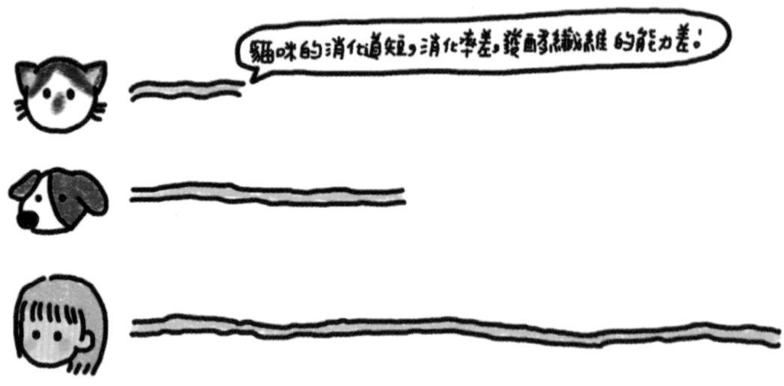

▲ 貓、狗、人的腸道長度比較
（如果將貓、狗、人的腸道拉長，可以明顯看出差異）

▲ 貓咪的腸道長度約爲身長的四倍

e. 腸道內的絨毛 __

小腸內有許多的絨毛，這些絨毛主要的作用是幫助營養物質的吸收。雖然人類的腸道長度比貓咪長，但貓咪的腸道內絨毛長度卻是人類的兩倍，這可以提高營養物質的吸收能力。

f. 腸道細菌含量 __

有研究表示貓咪在近端腸道的細菌數量比狗狗多，加上貓咪腸道長度比較短，需要這些細菌來增加營養物質（如蛋白質和脂肪）的消化過程，這些可能都是貓咪能適應食肉性飲食的原因。

ⓄⓄⓄ✦

貓咪的獵食行為

野生的貓科動物會獵食小型獵物，例如囓齒動物、兔子、鳥類、蛙類、爬蟲動物和昆蟲。這些獵物的大小和本身所含的熱量，會決定貓咪一天得進食多少餐才能得到足夠能量和營養需求。

以小老鼠（Rat）的例子來說，每隻小老鼠能提供給貓咪的熱量約為 30kcal，一隻成年約 4kg 的貓咪，平均一天必須要進食 6 ～ 8 隻的小老鼠，才能獲得足夠能量。家貓雖不用狩獵就能免費獲得食物，但身體構造和進食習慣還是與野生貓咪相似，所以每天少量多餐進食（約 3 ～ 5 餐）對他們來說是比較適合的飲食習慣。

此外，狩獵對貓咪而言是很重要的行為！貓咪是先狩獵再進食的動物，如果一隻貓咪正在進食，突然發現新的獵物出現在眼前，這時他們可能會停止進食動作，轉身去追捕活跳跳的獵物。對貓咪來說，獵捕動物會比吃飯更有吸引力，所以狩獵行為對貓咪是重要的一部分，沒有了狩獵，「貓生」就會像白開水一樣平淡無奇。

▲ 貓咪會追捕小型動物，即使並不餓

貓咪的嗅覺與味覺

為什麼嗅覺對於貓咪的進食是很重要的存在？貓咪的嗅覺能力在小貓出生後就開始出現了，剛出生的小貓能靠著嗅覺尋找母貓乳頭的氣味和位置。貓咪也可以經由嗅覺來分辨食物的香氣、地域標記、社交行為和尋找配偶。所以很多患有上呼吸道感染的貓咪，因為疾病造成嗅覺變差時，食慾會因此減退或是不吃；如果強迫貓咪舔一口，他們知道這是可以吃的食物後，有些就會開始主動進食。

除了用嗅覺偵測食物的位置及食物的氣味外，味覺也是決定貓咪對食物喜好最主要的因素。貓咪出生時就能開始辨別食物的味道，隨著年齡增加會持續改變味覺敏感性。雖然和狗狗（味蕾約 17000 個）相比，貓咪舌頭上的味蕾只有約 470 個，相對少很多，但貓咪的味蕾一樣可以檢測到酸（Sour）、甜（Sweet）、鹹（Salty）、苦（Bitter）等味道。

這四種味覺都有其存在的意義，甜味能檢測食物中是否含有碳水化合物，鹹味能檢測食物中是否含有鈉，而苦味和酸味大多是用在檢測不好吃的味道，這樣能分辨食物中是否含有毒素或是食物變質。

▲ 四種味覺各有其存在的意義

1. 貓咪的甜味味覺

舌頭上味蕾表面的味覺細胞裡有味覺受體，這些味覺受體接受到食物的化學成分（如苦味分子）刺激後，會將訊息傳遞到大腦並產生味覺。而甜味受體是由兩個基因產生（Tas1r2 和 Tas1r3），甜味受體主要能讓大腦識別正在吃的食物中是否含有碳水化合物；碳水化合物在人類和其它哺乳動物是主要能量來源的營養物質，必須藉由味覺來確認這些食物是不是可以吃。

但食肉性的貓咪是以蛋白質飲食為主，不太需要碳水化合物，因此他們的演化缺乏了甜味受體基因：Tas1r2。綜合上述，貓咪可以分辨酸、苦、鹹、甜，但缺乏甜味的感知，對於甜味的感覺比較弱，所以品嚐不到完整的甜味。有人認為貓咪對於高濃度的糖可能會有反應，但這需要更多的研究報告來證明。

簡單來說，貓咪不討厭「甜」這個味道，但甜味並不會特別吸引他想去吃。有人可能會說：我的貓咪喜歡吃蛋糕耶——這也許是因為被食物裡面的胺基酸或是脂肪吸引，也或許是食物本身的質地讓貓咪喜歡吃。

◀ 貓咪嚐不出甜味

2. 貓咪的苦味味覺

當貓咪嚐到不喜歡的味道時，會像螃蟹吐泡泡那樣流口水，這是因為貓咪對於苦味似乎比人類敏感。有人認為這種辨別苦味的能力，可以減少誤食有毒的植物（大多有苦味）或是腐敗的肉（會產生苦味物質），避免接觸到環境中危險的因子。因此，每次餵貓咪吃藥時，就算給了好吃的零食，也很難騙過他們挑剔的味覺。

◀ 苦的藥粉即使用甜的糖漿泡開，貓咪仍只能嚐出藥的苦味

決定對食物喜好的因素

前面提到，味覺會決定貓咪對食物的喜好，這樣的喜好因素可以分成「本能」及「後天養成」。

本能

本能又稱為先天行為，是不需要再去學習就能擁有的能力。無論是人類或是貓咪都會保留屬於自己的特殊本能行為。在味覺上，人類除了可以分辨酸、甜、苦、鹹外，還多了一種鮮味（Umami），主要是在檢測食物中的胺基酸，這是一種肉味（Meaty taste），而目前也有報告提出貓咪能檢測出「鮮味」。對於食肉性的貓咪來說，相較於食物中碳水化合物的甜味，能夠感知食物裡是否有胺基酸的鮮味，反而更能刺激食慾和對食物的選擇。

另外，有報告證明貓咪顏面神經中的受體主要對胺基酸、核甘酸等味覺有反應，因此，說貓咪喜歡吃肉是本能行為也不為過。

後天養成

後天養成是指小貓在母貓懷孕期、哺乳期間及幼年時期的學習行為，這些階段的學習都會影響日後小貓對食物的喜好。在小貓出生和斷奶之前，母貓的羊水和母奶都含有母貓吃的食物味道，因此小貓在母貓的肚子中接觸羊水，以及出生後吸吮母奶，就會養成喜歡羊水及母奶中某些食物味道的習慣。

此外，小貓在斷奶時，也會藉由模仿母貓的進食，來學習選擇他們喜歡的食物。不管是羊水、母奶或是模仿母貓的飲食，都是在學習「如何選擇安全的食物來吃」，這對生活在野外的貓咪而言是很重要的事。

◀ 母乳的味道會影響幼貓對食物的喜好

對食物的選擇

很多家長常會問：是不是該常常變換貓咪的食物？一直吃同樣的食物會讓他們覺得膩、不想吃嗎？一直吃同樣的食物好像很可憐？

在後天養成中有提到，貓咪對於食物喜好的選擇，通常會在早期階段形成，尤其是在 1 ～ 6 個月齡的幼貓時期，會有「口味經驗」（Taste experience）的養成。舉例來說，當長時間給貓咪吃乾食，並且對於吃乾食的經驗是好的，那貓咪在日後就會比較偏好吃乾食。

雖然貓咪會根據自己的經驗，對某些類型的食物（如乾食或濕食）產生偏好，但也可能會對長期接觸相同的食物感到厭倦，就是所謂的單調效應（Monotony effect）。

簡單來說，當貓咪吃同樣的食物太久，他們可能會突然就不想吃了，而開始想吃不同的食物。因此，就算是貓咪從沒接觸過的新飲食，只要是熟悉的食物質地，他們還是會願意接受新的飲食。

有味覺偏好的貓咪，如果不是他喜歡的食物，就算再美味只要「感覺不對」還是會拒絕接受食物。所以，有人建議在 6 個月齡以下的小貓給予不同種類的食物，以減少貓咪只對特定食物產生喜好，而限制了將來對飲食的選擇性。

但是，也要留意過度換食會造成貓咪腸胃道不適或挑食的可能性喔！

在胃腸道敏感的貓咪，建議慢慢將舊飲食換成新飲食，不然可能會造成貓咪腸胃道不適；慢慢更換成新飲食後，如果還是出現腸胃道不適的症狀，就不建議常常更換飲食了。

除了貓咪本身對食物的喜好之外，還有幾個因素都會影響他們對食物的選擇，包括：

a. 食物的質地

貓咪對飲食的質地似乎較為敏感，如果不是喜歡的飲食質地（如太乾、不濕潤），即使沒得選擇，也會發現貓咪只吃個幾口，甚至是不吃直接走開。有人認為與乾食比較起來，大部分的貓咪比較喜歡濕食，也許是因為濕食的含水量、口感與動物組織類似，當然也有只喜歡乾食的貓咪。

b. 環境的影響

貓咪對環境的依賴感很重，是一種容易被環境改變影響的動物。當環境發生改變（如搬家或住院），可能會造成貓咪的壓力（如緊張或焦慮），一緊張就可能會躲起來不吃東西。

如果在這時候又幫貓咪換新的食物，容易增加他們拒絕接受新食物的機會，因此，不建議在新環境中幫貓咪轉換食物。

◀ 緊張的貓咪可能會躲藏，不願意吃飯

c. 食物的適口性

飲食中的營養物質也會影響貓咪對食物的喜好。食肉性的貓咪特別喜歡動物性蛋白質，像獵物的內臟和肉，對貓咪來說都是非常的可口。當食物中的蛋白質含量愈高，適口性就愈好，相對的也會增加貓咪對食物的接受度。除了蛋白質的含量外，飲食中脂肪含量高也能增加食物的適口性。

d. 食物的溫度

食物的溫度也可能會影響貓咪的進食。大部分貓咪喜歡食物的溫度接近體溫或室溫，通常不太喜歡吃溫度過低的食物（如低於 15℃），因為食物的香氣會變差，無法引起進食的興趣；而食物溫度過高（如高於 50℃）則會讓貓咪感到燙口到無法進食。

▲ 溫度及食物成分都會影響貓咪進食慾望

貓咪就像個挑剔的美食家，對於食物的味道很敏感。所以，在幫貓咪選擇食物時，可以將以上的因素考慮進來，或許對於食物的選擇上會有幫助。

特殊的飲食習慣與不同的身體結構和代謝，讓貓咪在食物消化、營養吸收代謝上和狗狗有許多的不同；了解這些不同後，也就不難理解為何有些貓咪對食物這麼挑剔。有些貓咪就是無法好好專心吃完一頓飯，容易被其它事物吸引而中斷進食；有些貓咪則是把一餐當成三餐在吃，這些行為模式與進食方式與他們的食肉特性有很大的關係。

1-2
貓咪的消化與吸收

貓咪的消化過程和人類是相似的。當食物進入嘴巴後，就會開始一連串的消化吸收過程：口腔先將食物咬碎後，會把食物送往食道→胃→小腸→大腸，來完成食物的消化過程。

當營養物質被腸道吸收後，剩下的殘渣就形成糞便，經由肛門排出體外，這個運送管道就是消化道。但是在消化道中除了靠嘴巴的咀嚼和胃腸蠕動作用之外，還需要有「消化酶」* 作用把食物分解得更小，讓營養物質在小腸中能夠被吸收利用。

因此，除了口腔、食道、胃跟小腸，還有肝臟和胰臟這些具有分泌消化酶功能的消化腺，也屬於消化系統的一部分。

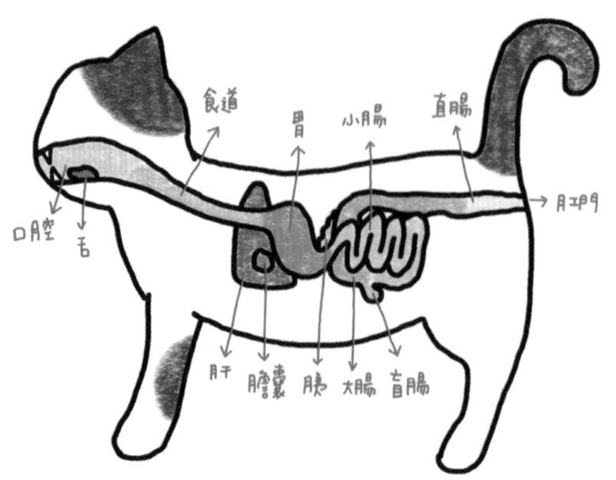

▲ 貓咪的消化系統

* 消化酶：
消化酶（Digestive enzymes），幫助食物消化和吸收作用的催化劑，大部分是由消化腺分泌產生。吃進來的食物需要有消化酶的幫助，才能完成消化作用，像是肝臟分泌膽汁，幫助脂肪分解成更小的脂肪酸，以利腸道吸收。

◫人◫✦

Step 1、口腔

貓咪的牙齒和口腔構造，讓他們無法咀嚼和磨碎食物，只能先將食物切成方便吞嚥的大小。目前市售貓咪食品大多是貓咪剛好可以吞嚥的大小，不太需要用牙齒切成小塊，所以很多貓咪在狼吞虎嚥後，容易吐出一顆顆完整沒消化的食物。

貓咪在聞到食物後，口腔就會開始分泌唾液。當食物進入口腔中，會先與唾液混合，藉由唾液的潤滑作用，讓食物更容易吞嚥，並順利進入食道。貓咪和人類不同，人類的唾液中含有澱粉酶（Amylase），可以先初步消化部分食物中的碳水化合物；而貓咪的唾液缺乏澱粉酶，所以食物中的碳水化合物就只能運送到小腸後，才開始進行消化和吸收。

▲ 貓咪聞到食物，會分泌唾液

▶ 貓咪的臼齒不適合磨碎食物

Step 2、食道

當食物從口腔進入食道後，食道會分泌大量黏液去潤滑食物，方便食物進入胃裡。食道與胃之間有一個賁門，當食物從食道慢慢往胃前進時，賁門括約肌會放鬆，讓食物進入到胃裡面；之後賁門會收縮，讓食物留在胃，而不會逆流回到食道中。因此，賁門是食道和胃之間的重要守門員！

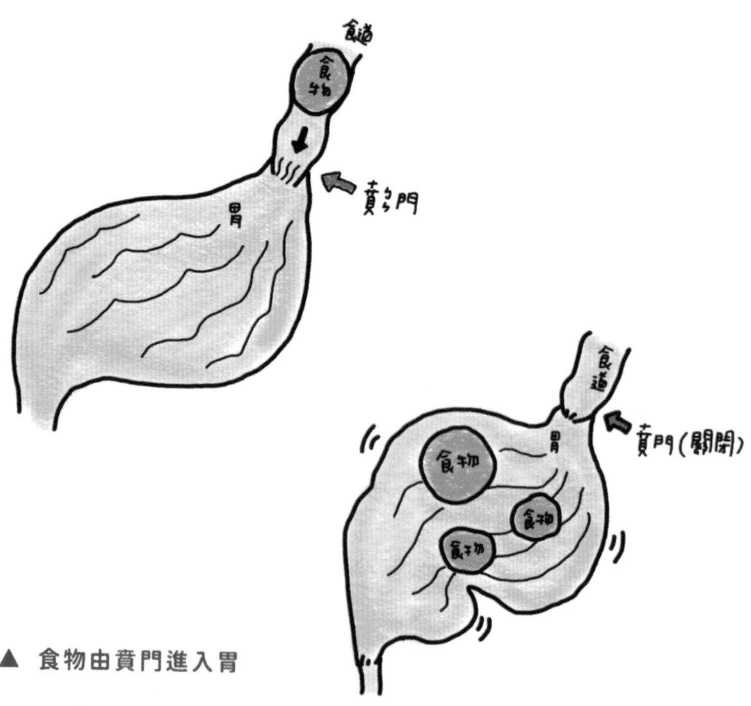

▲ 食物由賁門進入胃

▶ 食物進入胃後，賁門關閉，避免逆流；胃強而有力的蠕動能將食物磨碎

Step 3、胃

胃，是貓咪身體第一個開始消化食物的地方。貓咪的胃容量比狗狗小，所以不能一次攝取大量的食物，因此每天少量多餐的進食方式，會比較適合大部分的貓咪，如果一次吃太多食物，很容易造成貓咪嘔吐。

當食物進入胃之後，胃會開始分泌胃液，並且藉由胃壁不斷的蠕動，將食物和胃液緩慢的混合成食糜，再往幽門方向推進，最後進入小腸。

一般人會認為食物中的營養物質在胃裡面就已經被消化分解了，但其實只有小部分的蛋白質會被分解。胃液中的蛋白酶（Protease）會將食物中的蛋白質分解成

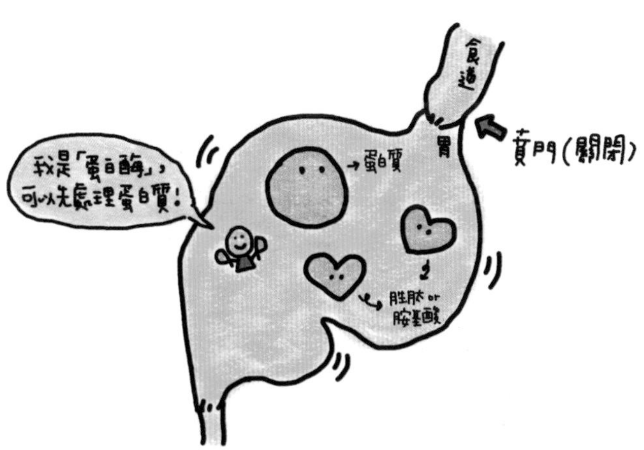

▲ **胃液中有「蛋白酶」，能將蛋白質初步分解為胜肽或胺基酸**

更小的分子（如多胜肽）。而碳水化合物和脂肪幾乎都還沒開始被消化分解喔！

如果賁門是防止食物逆流回食道，那幽門則是控制食物進入小腸。胃幽門括約肌主要在控制胃裡食糜進入小腸的速度，也就是胃排空時間。人類有時吃太多會有胃脹不舒服的現象，貓咪同樣也會發生；除了食物的量和質地，營養物質的含量，也是影響胃排空速度的原因。

例如，每餐進食量過多時，會造成胃排空時間延長；固體食物從胃排空的速度比液體食物慢；高脂肪飲食會使胃排空時間延長；含有較多可溶性纖維的飲食也會導致胃排空的時間延長。在需要體重控制的貓咪，胃腸道排空時間延長，可以增加飽足感，但在有胃腸道疾病的貓咪，延長胃排空時間可能會增加消化道的負擔。

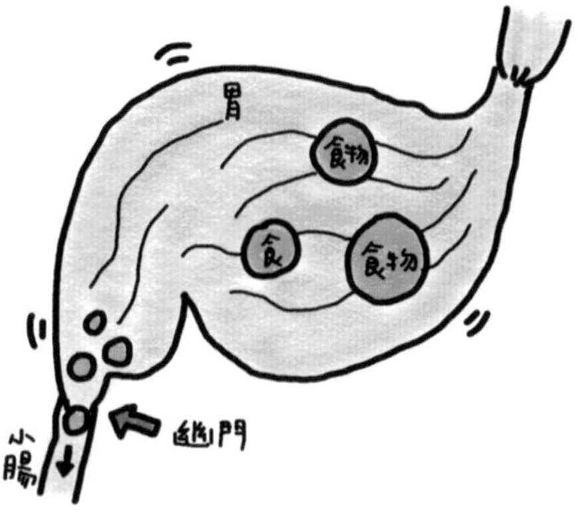

▲ 食物磨碎並和胃液充分混合後，就由幽門進入小腸

Step 4、小腸、肝臟、膽囊和胰臟

胃到幽門之後連接的就是小腸，小腸分成三個部分：十二指腸、空腸和迴腸。十二指腸是小腸第一個也是最短的部分，同時，胰臟和膽囊的開口都在十二指腸上，分泌的消化液會由十二指腸進入腸道系統。

而空腸是小腸中最長的部分，迴腸則是小腸最末端的部分。食糜中的營養物質大多在小腸中被吸收，並由血液運送到身體各處使用；除了營養物質的吸收，小腸也能吸收少量的水分和其它分子。

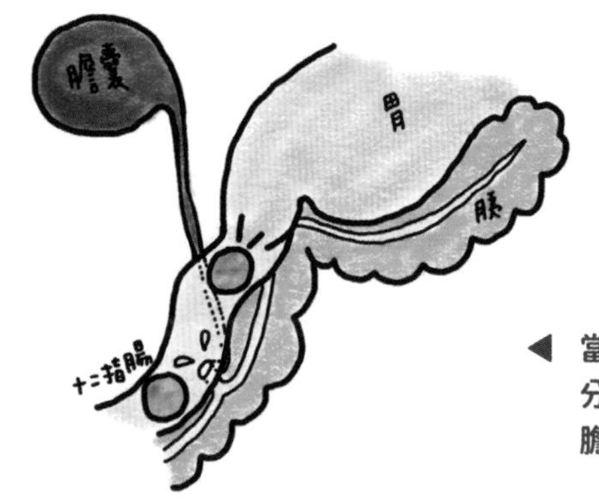

◀ 當食物進入十二指腸，除了分泌腸液，也刺激膽囊排放膽汁，胰臟分泌胰液。

◀ 小腸內的腸液及胰臟分泌的酵素，能將營養物質分解成較好吸收的小分子

當食糜由胃進入十二指腸時，就會刺激膽囊收縮並釋放膽汁，胰臟分泌胰液，小腸分泌腸液。這些消化液會經由腸道的蠕動收縮和食糜混合，而消化液中的消化酶會將大部分蛋白質、脂肪和碳水化合物分解成可被腸道吸收大小的分子（分別分解為胺基酸、脂肪酸和葡萄糖）。

腸道的蠕動作用會將食糜緩慢向前推進，同時間小腸壁上的絨毛（Intestinal villi）就會開始吸收食糜中的營養物質。被吸收的營養物質會分別進入到血管或淋巴系統中，再經由門脈循環（Portal circulation）運送到肝臟進一步處理。

被運送到肝臟的物質如果是對身體有幫助的營養物質，會被送到各組織細胞利用，有毒物質則會經由膽汁排到腸道形成糞便，或是由腎臟產生尿液排出體外。

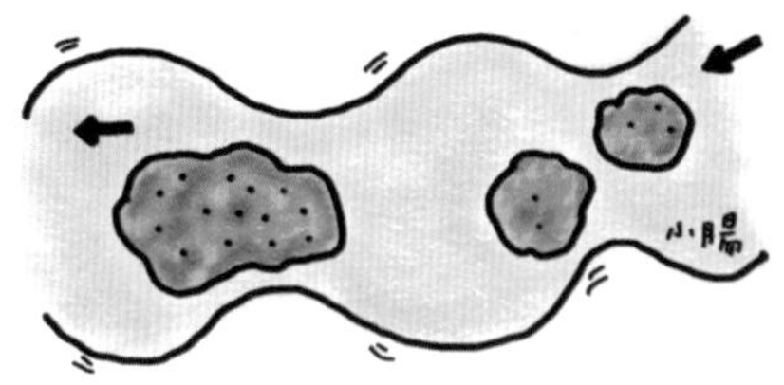

▲ 小腸的蠕動將食物和消化酶混合成爲食糜，並向前推進

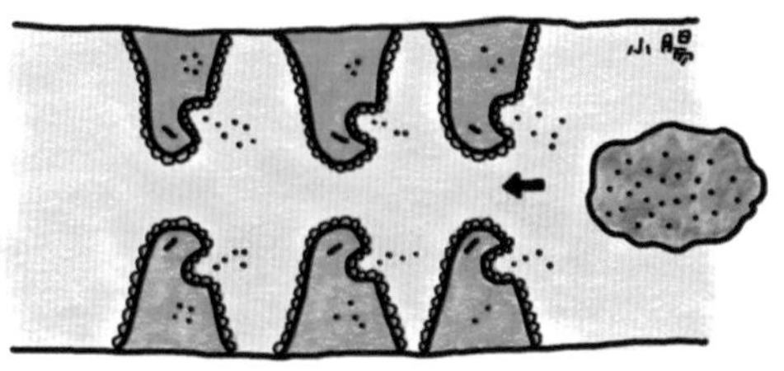

▲ 小腸絨毛，負責吸收食糜中已被消化的小分子及水分

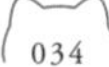

◎人◎✦

Step 5、大腸

小腸消化吸收後的物質會通過迴腸進入大腸。大腸主要的功能在吸收水分和儲存食物殘渣，並形成糞便，其分成三個部分：盲腸、結腸和直腸。其中，結腸是大腸主要吸收物質中水分和電解質的地方，除了吸收水分、電解質，也會吸收礦物質和維生素，而腸道中細菌的功能也很重要；這些細菌會幫助大腸中殘留物質裡的纖維素發酵，提供腸道細胞能量。

大腸不像小腸一樣有絨毛，因此吸收營養物質的能力有限，但吸收水分的能力卻非常好。大腸會將糞便中多餘的水分重新吸收回身體；吸收了糞便中多餘的水分後，糞便就能夠成形，而不會排出濕軟的糞便。

▲ 大腸中不具絨毛，僅吸收食團中殘餘的水，
未被消化吸收的部分即成爲糞便排出

當食物中可用的物質（如能量、維生素和礦物質等）經由胃、小腸和大腸的消化吸收過程後，剩下這些不容易被消化的殘渣，也就是糞便，會在直腸中儲存，並等待被排出體外。

食物在動物體內的消化吸收看似簡單，但其實需要經過一連串複雜的過程，才能讓身體利用這些營養物質。因此，當消化道其中一個部分發生問題（如疾病）時，都會影響身體對這些營養物質的消化和吸收，而進一步惡化身體的狀況。

不要看輕了這些消化道的功用，沒有了它們，身體就無法得到完整且均衡的營養物質，也無法正常的生長和運作。

▲ **糞便由肛門排出體外**

1-3
能量和水分

我們都知道機器運作需要電，汽車向前行駛需要汽油，而身體要活動和生存，就需要來自食物提供的能量。貓咪和人類一樣，也需要均衡的營養和水分，才能維持正常的生長發育和生存。

飲食中的營養物質分成**必需營養物質**和**非必需營養物質**。必需營養物質大多無法由體內合成，只能從飲食中獲得來滿足身體的需求；而非必需營養物質可以經由體內合成，或是由飲食中獲得。

▲ 車子需要加汽油才能向前行駛

ⓘ人ⓘ✦

1.
能量

動物如何獲得能量？

植物會利用太陽光照射提供的能量，以二氧化碳和水為原料，行使光合作用製造出養分，同時釋放出氧氣。除了氧氣和水之外，植物也需要土壤中的維生素和礦物質才能達到最佳生長和生產狀況。

而動物則是需要靠**攝取植物或其它動物的組織**，並將攝取進來的組織分解成營養物質後吸收，再轉換成能量。身體有了能量才能正常代謝，包括維持與合成身體組織、維持生理和生殖工作，還有調節體溫等。所以，從飲食中獲得能量來源，對動物來說非常重要。

▲ 貓咪需要攝取食物來獲得能量

營養物質和能量

那麼，能量從哪來呢？身體會由飲食中獲得營養物質，包括了碳水化合物、蛋白質、脂肪、礦物質和維生素，而且每種營養物質都對身體都具有特殊的生理功能。

五大營養物質中，只有高量營養物質（Macronutrients）能提供身體能量，如**碳水化合物、蛋白質和脂肪**，它們在飲食中的含量也很高。而維生素、礦物質是微量營養物質（Micronutrients），無法提供身體能量。

高量營養物質中又以脂肪能提供的能量為最多，脂肪能提供的能量約為蛋白質和碳水化合物的 2.5 倍。此外，不同種類的動物，會因身體構造和飲食習慣不同，對於營養物質需要的比例也會不一樣。例如，貓咪和狗狗對於三大營養物需求的比例就不太一樣。

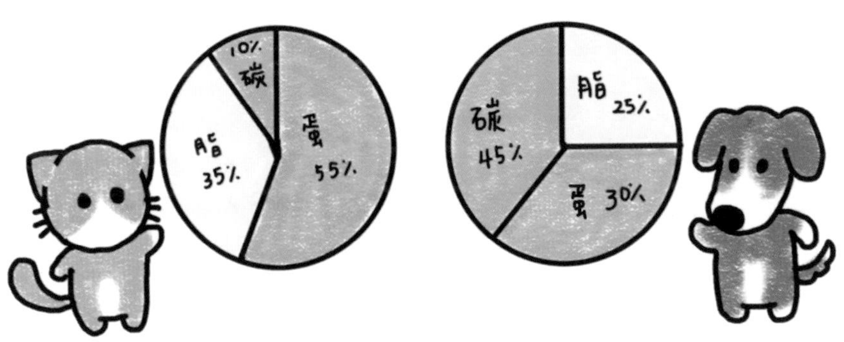

▲ 貓咪和狗狗所需的三種高量營養素比例

卡路里（Calorie）

在減肥盛行的年代，每個人對自己吃進體內的食物熱量都會變得非常在意，像家人般存在的貓咪，自然也不例外。為了防止貓咪變得肥胖或是過瘦，家長們開始會去留意或計算貓咪每天要攝取的熱量。

▲ 能量無法被測量

身體需要「能量」才能運作，而進食攝取的是「熱量」，能量和熱量其實是不太一樣的。能量本身沒有計算的單位，而熱量是能量的一種，可以被計算，所以大多是用熱量來表示食物中所含的能量。在食品包裝袋上幾乎都會以「卡路里」作為熱量單位，那麼卡路里是怎麼來的呢？

卡路里是英文單字 Calorie 的音譯，定義是在 1 大氣壓下將 1 公升的水提高 1℃所需的熱量（Heat）。我們一般簡稱卡路里為千卡（Kilocalorie；Kcal）或大卡（Big Calorie；Calorie）。

在市售貓食的標示中，如果是固體（如濕食或乾食）或粉狀食物，能提供的熱量標示單位大部分為 kcal/kg 或 kcal/g；如果是液態食物，標示則為 kcal/ml。

◀ 我們用「熱量」來表達食物所含的「能量」

能量代謝（Energy Metabolism）

前面也提到能量無法被測量，但食物中的熱量值是可以被測量的，將食物中的有機物質（如蛋白質、脂肪和碳水化合物）經過完全燃燒後，所產生的全部能量稱為總能量（Gross Energy; GE）。

但是，身體無法完全使用食物中所含的能量，這是因為部分營養物質在消化和吸收的過程中，經由糞便、尿液、呼吸和產生熱的狀況下，會消耗部分能量。

因此，將總能減去糞便和尿液中損失的能量（體內產生的可燃氣體可以不計算）後，最後得到身體組織實際可使用的能量，也就是代謝能（Metabolizable Energy；ME）。

代謝能常用於表示寵物食品中含有的能量值（也就是熱量值），所以在大部分貓咪食品包裝上都可以看到代謝能的標示，代表了這個食物每 1 公斤、每 100 公克或每 1 毫升，能夠提供給貓咪身體利用的熱量。代謝能的標示能讓家長在選擇飲食上，多一個參考依據。

▲「代謝量」（ME）= 食物「總能量」（GE）— 糞尿不能使用的能量

▲ 能量密度的比較要建立在相同重量或容積

能量密度（Energy Density）

當我們想知道貓咪每天吃的食物量夠不夠維持身體需求時，就得先知道這個食物中含有多少熱量。

這時需先了解什麼是能量密度，能量密度（Energy Density）是指在一定重量（如每公克）或體積（如每毫升）的食物中所能提供的卡路里量，能量密度也是決定貓咪每天攝取食物量的主要因素。當貓咪飲食中的能量密度越高，代表攝取的食物量不需要太多，就能滿足身體的能量需求。

例如，兩種相同質地的飲食能提供的代謝能分別為：A 飲食 3500kcal/kg 和 B 飲食 4000kcal/kg，當兩種食物貓咪同樣都攝取 10g 時，貓咪由 B 飲食得到的能量密度會比 A 飲食來得高。當攝取的食物熱量可以滿足身體能量需求時，其餘的營養物質就能用於身體其它的代謝功能（例如，合成身體肌肉、荷爾蒙或抗體）。

代謝能量比 vs. 乾物比

很多家長在幫貓咪選擇食物種類時，可能都會依照商品上給的保證分析值，將兩個食物去做比較，但保證分析值是生產商提供食物中含有的營養物質成分含量（如粗蛋白質和脂肪的最低百分比），這些數字並不代表食物中營養物質的精確數值，加上每種食品的水分含量都不同，因此這些食品標示的保證分析值不能用在不同食品中營養物質的比較。

如果不能以保證分析值作為兩種食物的比較，可以用什麼方式？在比較兩種食物時，可以使用乾物質基礎和代謝能量比。不管是用哪種方式比較，兩種食物都必須使用同一種方式，才是有效的比較。

乾物質基礎（Dry Matter Basis；DMB）

如果只以食物的保證分析值標示來比較乾食和濕食的營養物質比例，實際上會產生很大的誤差。這是因為每種食品中所含的水分不同，使得食品中營養物質的比例會有所不同。

因此要比較兩種不同的食物中的物質之前，必須先把食物中的水分去除，剩下的物質才是該食物中營養物質的真實重量，也就是乾物質基礎（Dry Matter Basis；DMB）。當我們把食品包裝袋上標示的營養物質百分比轉換為乾物質基礎後，就可以針對各種水分含量的食品（即罐頭或乾食）進行有意義的比較。

保證分析值％ /（100％－水分含量％）× 100
＝乾質基礎％（DMB）

舉例來說，如果想要比較兩種罐頭的蛋白質重量比，A 牌蛋白質為 9%，水分為 78%；而 B 牌的蛋白質為 10.21%，水分為 74.02%，如果直接以字面上的百分比來比較，看起來似乎 B 牌的蛋白質比例比較高。

但真的是這樣嗎？如果把兩種飲食的水分都去除了，只剩下乾物質時，蛋白質的比例還是 B 牌比較高嗎？

去除水分後，兩種飲食中的乾物質基礎為：
A 牌罐頭：9％ /（100 － 78％）× 100 ＝ 40.9％ DMB
B 牌罐頭：10.21％ /（100 － 74.02％）× 100 ＝ 39.3％ DMB

計算出來的結果是：
完全去除水分後，同樣重量下，A 牌蛋白質的比例比 B 牌高。

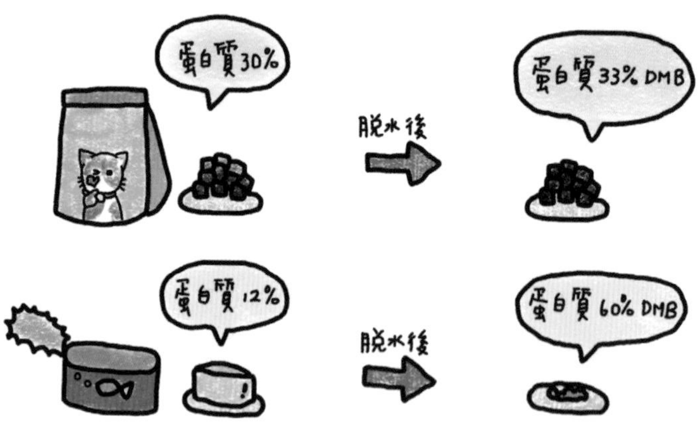

▲ 乾物比可以用在不用種類的飲食營養物質重量比較

必須把食品中含有的水分去除後，再去做比較，才能比較客觀去了解不同種類的食物中成分比例之差異。此外，除了乾食和濕食中的含水量會不同，品牌不同的乾食或濕食，食品中的水分比例也可能會不同！

代謝能（Metabolic Energy%）

每種貓咪食品的保證分析值上標示的代謝能，讓家長知道食品本身可以提供多少熱量，方便計算貓咪每日要吃多少量，才能滿足身體能量需求。但如果想知道食物中的蛋白質或其它營養物質能提供多少比例的熱量，就要計算營養物質在食物中的代謝能量比。

代謝能量比（Metabolic Energy%；ME%）是指食品中的必需營養物質在總食物熱量中分別佔多少比例，也就是計算出食品中蛋白質、脂肪和碳水化合物各能提供的熱量比例是佔多少。代謝能量比是一種食物營養物質的熱量分布，可以用來比較水分或是能量含量不同種類的食物。這對於想要調整飲食、或同時給予兩種以上食品的家長來說，能用來估計食品中營養物質的分布比例。

前面也提到，提供身體能量的營養物質是蛋白質、脂肪和碳水化合物，每公克蛋白質、脂肪和碳水化合物可以提供的熱量分別約為 3.5kcal、8.5kcal 和 3.5kcal。根據食物提供的保證分析值中粗蛋白質%、粗脂肪%、粗纖維%、水分%和灰分%，就可以計算出每 100g 的食物中，蛋白質、脂肪、碳水化合物分別能提供多少的熱量。

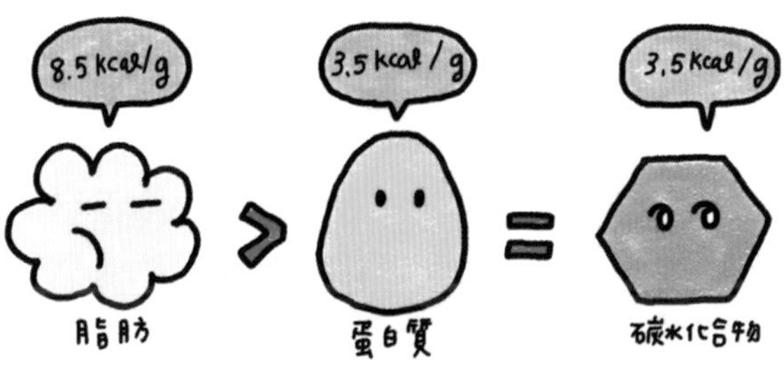

▲ 提供能量的 3 種高量營養素

計算範例：

Step1、先計算碳水化合物（或稱無氮提取物）的數值，以 100 扣掉食物中成分的比例：

碳水化合物（無氮提取物）% ＝ 100 －（粗蛋白質 % ＋ 粗脂肪 % ＋ 粗纖維 % ＋ 水分 % ＋ 灰分 %）

舉例來說，某牌貓咪乾食的蛋白質 32.0%、脂肪 12.0%、纖維 3.0%、水分 10%、灰分 4.5%

碳水化合物 % ＝ 100 －（32 + 12 + 3.0 + 10 + 4.5) ＝ 38.5 %

Step2、計算出食物的總卡路里，將乾食中各營養物質的成分比例乘上所能提供的熱量：

蛋白質： 32 × 3.5 ＝ 112 kcal / 100g
脂肪：12 × 8.5 ＝ 102 kcal / 100g
碳水化合物：38.5 × 3.5 ＝ 134.75 kcal / 100g

將三個計算出來的數字加總，即為該食物的代謝能量：
112 ＋ 102 ＋134.75 ＝ 348.75 kcal / 100g

Step3、分別計算出三個營養物質的代謝能比（ME%）

蛋白質：32 × 3.5 / 348.75 × 100 % ＝ 32.11 % (ME)
脂肪：12 × 8.5 / 348.75 × 100 % ＝ 29.25 % (ME)
碳水化合物：38.5 × 3.5 / 348.75 × 100 % ＝ 38.64 % (ME)

會在這裡把「代謝能量」和「乾物質基礎」提出來解釋，是因為不管是健康或是疾病狀態的貓咪，營養物質的提供會影響身體的能量攝取，了解這些名詞在食品包裝袋上標註的意義，未來幫貓咪選擇食品或熱量計算時多少會有些幫助。

能量平衡（Energy Balance）

雖然很多家長都會幫貓咪計算每天需要多少熱量，但身體對熱量的需求會因身體狀況、活動量或疾病狀態而有所不同，計算出來的熱量可能會高於或低於身體需求。因此，該如何知道貓咪每日攝取的熱量是否足夠呢？當貓咪由食物中攝取到足夠的熱量時，就能達到身體的能量平衡，也能維持正常體重和生長。所以，「觀察體重」是比較容易知道貓咪攝取的飲食熱量是否足夠的簡單方法。

當健康貓咪攝取的食物中含有的能量剛好是身體需求時，體重大多是維持；如果攝取能量過多，並超過身體的消耗時，過多的能量會被儲存，體重會增加；相反的，攝取能量不足，無法滿足身體消耗，則體重會變輕。

▲ 能量的攝入和消耗要平衡才能保持體重

▲ **能量攝取不足會導致幼貓生長緩慢**

不過，大部分健康貓咪的能量攝取過多會比攝取不足更常見。主要還是跟貓咪餵食狀況、是否絕育以及活動力多寡等許多因素有關。

如果貓咪在生長期間攝取過多的能量，會造成身體脂肪細胞數量增加，增加日後形成肥胖的機會。而肥胖與許多老年疾病或慢性疾病的發生相關（如關節疾病、糖尿病和脂肪肝等），所以，千萬別認為貓咪胖胖的很可愛，就讓他的體態無限制的橫向發展喔！

而能量攝取不足也會對貓咪造成不良影響，在幼年貓咪會導致生長發育遲緩，成年貓咪的體重減輕，以及老年貓咪的肌肉萎縮。在健康狀態下，能量攝取不足比較常見於懷孕或哺乳期母貓，因為多胎的小貓會從母貓那裡攝取大量營養物質和能量，當母貓能量攝取不夠時，除了可能會影響小貓的生長之外，也可能會造成母貓肌肉減少和體重減輕。

而處於疾病狀態的貓咪因為無法進食或不吃，也會導致能量消耗或能量使用增加，最終發生體重減輕和肌肉萎縮。

2.
水分

水分對所有動物的身體來說是最主要的組成成分，身體的細胞約 70%是由水分構成，而血液、組織細胞間都充滿水，因此水佔總體重約 40% ～ 80%。水分雖然無法提供身體任何能量，卻是不可缺少的物質。

◀ **身體的組成有 70%是水分**

貓咪在不進食的情況下，可以分解自己身體的脂肪和肌肉組織來產生能量，所以仍可以存活幾天；但是當體內的水分喪失 10% 以上，就可能會導致貓咪死亡。

水分在體內還有許多功能，例如有助於潤滑關節和眼睛、保持肺泡的濕潤和擴張、幫助呼吸時的氣體交換等。另外，水分在營養代謝上也有重要的作用，像是食物的消化和吸收、營養物質的運送和利用過程，都需要有水分的參與。身體在消化、吸收和代謝後產生的廢物產物，也要有水分才能經由汗、呼吸和糞尿排出體外。由此可知，水分對於身體來說是多麼的重要！

▶ **身體可承受不進食數天，但不能不喝水**

水的攝取

貓咪每天水分的攝取來自於食物、飲用水和代謝水。代謝水是體內營養物質在代謝過程中產生的水分，但這種水分只佔每天喝水量的 5 ～ 10%，因此，主要還是來自於飲用水和食物中的水分。身體在正常生理狀況下（如呼吸、排尿或排便等）會造成水分流失，當水分流失到一定量時，大腦會偵測到身體處於脫水狀態，讓貓咪感到口渴而去找水喝，以補充身體的缺失。

此外，環境溫度、餵食的食物種類、運動量和健康狀況等因素，也都會影響貓咪自主去喝水的量。舉例來說，當環境溫度升高和運動量增加，貓咪的喝水量也會隨之增加，這是因為喘氣引起肺臟蒸發（降低體溫）的水分流失。

▲ **營養物質在身體代謝的過程中會產生水（代謝水）**

水的流失

正常情況下，身體會去穩定體內的水分平衡，當喝水量超過身體的需求時，身體自然會將多餘的水分排出。除了排出多餘的水分之外，體內代謝後產生不好的物質也會跟著這些水分排出體外（如汗水和尿液）。

貓咪體內水分的調節最主要是靠腎臟，它會依據身體的水分需求，來增加或減少尿液產生。當喝水量減少時，腎臟便會濃縮尿液，減少尿量產生，以維持體內適當的水分平衡。

此外，呼吸時水分也會由肺部蒸發，以及糞便中也含有少量的水分，這些都是身體排出水分的方式，只是糞便、呼吸和腳掌排汗的水分排出，所佔的比例很低。雖然呼吸排出水分的量很少，在炎熱的天氣中，蒸發和排汗流失水對於調節正常體溫仍是非常重要的過程。

▲ 身體水分流失有很多方式

貓咪不愛喝水？

大家對貓咪的認知都是「貓咪是不愛喝水的動物」，所以總會擔心他們水喝不夠，容易會有泌尿道疾病的發生。貓咪的祖先來自非洲沙漠，可以獲得的水資源非常少，所以大部分的水分要從獵物身上的血水獲得。

▲ 家貓的祖先來自非洲

貓咪為了適應環境生存，身體自然有了以下的演化：

a. 具有高度濃縮尿液能力的腎臟

貓咪的身體在輕微脫水時，排尿量和頻率會明顯減少，這是因為腎臟為了將水分留在體內，而將尿液濃縮的緣故。因此，當貓咪和狗狗同樣處在水資源較少的地方時，會發現貓咪的喝水量明顯比狗狗來得少。

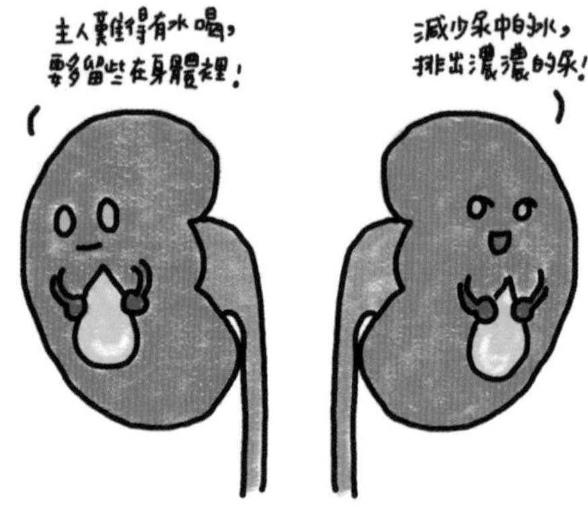

▲ 貓咪的腎臟濃縮尿液的能力很強

b. 貓咪對於「口渴」非常不敏感

「口渴」是為了讓脫水的身體主動去喝水，使身體恢復到正常水合狀態的保護機制。我們常會看到狗狗因為口渴而一直去找水來喝，但貓咪不會。

這是因為當狗狗體內水分減少約 4% 時，身體會覺得口渴而去喝水，但貓咪也許要到體內水分減少更多時，才會感覺到口渴而主動去喝水，可能因為這樣才讓人覺得貓咪總是「不愛喝水」的感覺。

當貓咪的身體發生脫水狀況，水分又攝取不夠時，會降低他們的食慾，影響生長、哺乳、繁殖和身體活動等，所以適度增加貓咪的喝水量是需要的喔！

雖然貓咪不像狗狗一樣愛喝水，但不代表水喝得少就容易有腎臟疾病發生。因為造成腎臟疾病發生的原因很多，長期慢性脫水只是其中一個可能的原因。盡可能以不增加貓咪壓力的方式來增加喝水量或頻率（例如提供多個新鮮飲水處），來增加貓咪喝水的意願。

▲ 貓咪不容易感到口渴

貓咪一天的喝水量

既然水分對貓咪是重要的，那麼他們一天到底要喝多少水才夠？這應該是很多家長會想問的問題。

首先，食物種類會影響貓咪的喝水量。就拿乾食和濕食來說，濕食的含水量相對較高（含水量超過 70%），當貓咪以濕食為主要飲食時，大部分都能維持體內的水分平衡，而降低主動去喝水的頻率。如果突然改成吃乾食（水分含量約 10% 以下），就會發現貓咪主動喝水的頻率明顯增加，這是因為乾食的含水量少，因此會增加貓咪的喝水量。

除了食物的含水量，食物中蛋白質和礦物質的含量也會影響水分攝取。例如，當飲食中蛋白質含量較高時，會增加含氮廢物的產生，所以會增加尿液的產生和排尿量。

▲ 貓咪一天約要攝取體重 × 45 ～ 50ml 的水量

健康的貓咪一天究竟需要喝多少水呢？最簡單的計算方式為體重 (kg)×45 ～ 50ml ＝貓咪一天大約需要的喝水量。不過，因為飲食中還有含水量，所以要再扣掉食物的含水量，才是貓咪每天需要喝的水量。濕食含水量較高，所以需要扣除；而乾食含水量低，甚至可以忽略不計算。

貓咪每日喝水量的算式：
體重 × 45 ～ 50ml －（食物 g / 天 × 含水量 %）

例如，一隻 4kg 的成年貓咪，以主食罐（175g / 罐）為主，每天吃 1 罐，這個罐頭的含水量約為 80%，所以這隻貓咪每日喝水量約為：

4 × 45ml ＝ 180ml
175 × 80 % ＝ 140ml
180 － 140 ＝ 40ml

可得到這隻貓咪每天需要額外自主的喝水量約為 40ml。

雖然能計算出貓咪每天需要的喝水量，但相信很多家長應該會覺得這是「不可能的任務」，就像人類的醫生也常說成人每天至少要攝取約 2000cc 的水分，相信還是會有不少人無法達到標準，更何況是貓咪。

很多事情過與不及都不好，水分攝取亦是如此，並不是愈多愈好！要根據貓咪身體狀況來調整才適當。如果強迫貓咪在短時間內攝取大量水分，除了會增加他的情緒壓力之外，當超過腎臟負荷時，反而有可能造成身體傷害。

因此，每天提供新鮮、乾淨的水給貓咪，並且餵食適量的均衡飲食，大部分的貓咪還是會自己主動喝水，身體也會自我調節體內水分的需求平衡。

1-4
貓咪的營養需求

除了氧氣和水之外，貓咪和人類一樣需要靠攝取食物來獲得能夠維持身體正常活動的能量。那麼食物中有哪些物質可以提供身體能量，或是對於維持身體運作是必需的物質呢？

在一些因為疾病而造成食慾變差的貓咪，常會有家長問：「給貓咪吃營養膏是不是能提供他們營養？」能夠提供身體能量來源的是食物中的蛋白質、脂肪和碳水化合物，而營養膏大多是以維生素、礦物質或是益生菌和糖類為主。

對於生病的貓咪而言，營養膏無法取代食物中的三大營養物質，因此不能作為主要的營養來源。所以在幫貓咪選擇標示具有營養物質的食品時，不能只看商品名稱就覺得它能提供貓咪所需的營養物質，還是要仔細看上面的成分標示。

▲ 營養膏含有大部分的微量營養素，但高量營養素較少，因此能作爲補充品但不適合當正餐給予

貓咪需要的營養物質和人類一樣嗎？

貓咪需要的營養物質與其它哺乳類並沒有太大的不同，只是食肉性的貓咪在營養物質的「攝取比例」上，明顯與人類和狗狗不同。

野生貓咪在自然棲息地中，會獵食小型動物（包括囓齒動物、鳥類和爬蟲類等），這些獵物富含蛋白質（約 50%）、中至高度的脂肪（約 40%）、少量的碳水化合物（約 9%）和纖維（約 1%）；也因為如此，貓咪對蛋白質的需求比人類還要高。除了對蛋白質的需求量外，碳水化合物和其它營養物質的需求量也會有所不同。

▲ 野生貓咪會獵食在自然棲息地生存的小型動物

ⓉⒾⓅ✦

五大營養物質

五大營養物質中，包含了高量營養素和微量營養素。高量營養素（Macronutrients）中的蛋白質、脂肪和碳水化合物，可以提供身體熱量。每個物種（如人類、狗狗或貓咪）因身體需求不同，攝取的營養比例也不盡相同，必須依據不同物種的需求來給予。

微量營養素（Micronutrients）的維生素和礦物質，雖然不像三大營養物質可以提供能量，身體需求量也不高，但若缺少了這兩個營養物質，還是會造成疾病發生，所以別小看它們的重要性。

▲ 五大營養物質

1.
蛋白質和胺基酸

很多家長都知道蛋白質（Protein）對貓咪來說很重要，但可能只知道因為「貓咪是肉食性動物」的關係。蛋白質在所有哺乳類動物都是重要的營養物質，因為身體結構和飲食習慣的差異，造就了每種動物對蛋白質需求量的不同。

身體除了水分之外，其次就是蛋白質最為重要，而且含量最高。蛋白質是建構身體最基本的物質，很多組織細胞的構成和運作都需要它（例如肌肉、毛髮、消化酶、抗體等），而這些身體蛋白質合成的原料，都需要從飲食中的蛋白質來獲得。飲食中的蛋白質在胃腸道中被分解成各種胺基酸（Amino acid），經由腸道絨毛吸收，並運送到身體各處後，這些胺基酸就會作為體內各種蛋白質的合成和更新的原料使用。

飲食蛋白質被分解成許多不同的胺基酸，這些胺基酸分成**必需胺基酸**（Essential amino acids），身體無法製造和儲存，必須從飲食中獲得；以及**非必需胺基酸**（Nonessential amino acids），身體可以自行製造，或由飲食中獲得。

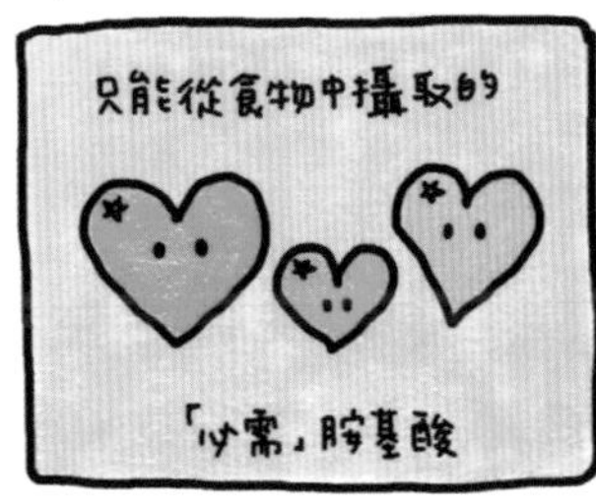

▲ **胺基酸有許多種類，在營養學上主要分為「必需」和「非必需」兩大類**

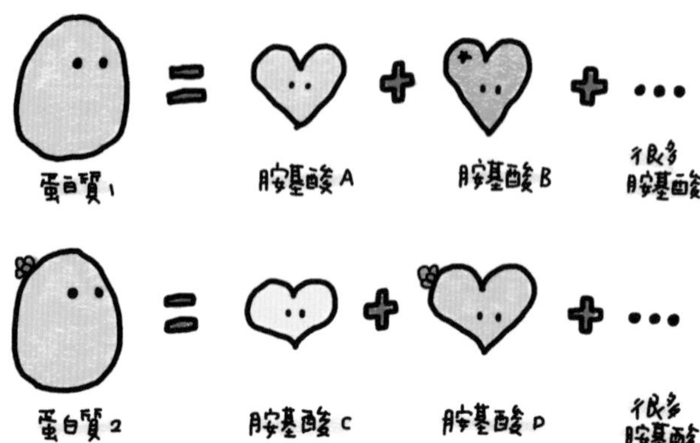

▲ 不同蛋白質是由許多種的胺基酸以不同排列組成

每種食物中含有的必需胺基酸種類都不太一樣，動物可以藉由攝取不同的食物，來獲得身體需要的必需胺基酸。因此，不同種類的動物（如貓咪和人類）身體需要的必需胺基酸種類也會不同，必須從不同的食物中獲得，像是雜食性動物的人類，可以由植物或動物性組織中獲得身體需要的各種必需胺基酸，而食肉動物的貓咪大多是由動物性組織中獲得。

所以身體無法只靠吃單一種食物中的蛋白質（如雞肉），就得到身體需要的所有必需胺基酸，或是可以完全被吸收來合成或更新身體的蛋白質。

飲食蛋白質的主要作用

a. 組成身體的基本成分

蛋白質就像是房子的建材，一棟房子會使用不同的建材來建造；身體也一樣需要不同的胺基酸來合成身體的蛋白質。

在攝取食物中的蛋白質後，消化道會將飲食蛋白質分解成多種胺基酸，這些胺基酸會再各自重新組合成身體需要的各種蛋白質，如肌肉、毛髮、指甲、抗體、消化酶等。

◀ 飲食中的蛋白質對於身體結構的組成非常重要

b. 修補建造組織

身體的組織細胞會每天不斷進行「汰舊換新」，舊的細胞會脫落，由新的細胞取代，也就是分解和合成，而飲食蛋白質就是在提供修復和替換組織細胞蛋白質所需的材料。如果飲食蛋白質攝取不夠，就會影響組織細胞的修補和更新，所以，每日攝取足量蛋白質對身體來說非常重要。

▲ **攝取的蛋白質能經由蛋白質周轉（Protein turnover）去合成、修補、替換身體所需的蛋白質**

c. **產生熱量**

蛋白質和碳水化合物一樣，1g 可以產生約 3.5kcal 的熱量，為身體提供能量需求。當飲食中碳水化合物和脂肪能滿足身體的能量需求時，蛋白質就能用在身體組織的合成或更新。

相反地，當貓咪進食量減少，或是飲食中碳水化合物和脂肪含量無法滿足身體的能量需求時，身體便會將蛋白質作為能量的來源，而無法用在身體蛋白質的合成或更新。

d. **其它重要的生化反應和細胞訊息傳遞**

飲食蛋白質除了構成身體肌肉和毛髮外，血紅素、荷爾蒙和神經傳遞物質等，這些物質的形成也需要飲食中的蛋白質。缺少了它們，身體就無法正常運作或吸收營養。

為什麼貓咪的飲食中需要高量蛋白質？

關於貓咪飲食中的蛋白質含量，早期的研究報告曾提出「貓咪需要高量蛋白質飲食，而碳水化合物是非必要的營養物質」之論點。報告中認為，就算限制了飲食蛋白質的量，並由高量碳水化合物取而代之，貓咪的身體也只會使用蛋白質來產生能量（如葡萄糖）。

但近十幾年來的研究報告發現，只要能滿足貓咪身體最低蛋白質需求*，就算給予中量的碳水化合物和低量的蛋白質飲食，身體還是能適應這些飲食的變化，並不會因此就無法獲得足夠的能量需求。

即便如此，蛋白質對貓咪而言還是很重要的營養物質，原因有下列幾點：

a. 維持全身組織的蛋白質周轉需求量高

除了食肉特性造就貓咪對高蛋白質的需求外，生長階段的貓咪對於蛋白質的使用上也和其它物種（如狗狗）不同。貓咪在生長階段攝取的蛋白質，約有 60% 用於維持身體組織的合成更新，只有 40% 在維持生長需求，這與狗狗相反。為了維持增加的全身體蛋白質周轉*需求，對飲食蛋白質需求相對就高。

> * 最低蛋白質需求：
> 身體在維持生命時，對於營養物質都有最低需求量。任何一種營養物質攝取不足時，就會造成營養不均衡，並且增加疾病的發生機會。蛋白質也是如此，最低蛋白質需求量除了要能維持氮平衡之外，還要能維持身體淨體重和肌肉功能。

> * 蛋白質周轉：
> 飲食蛋白質主要是在提供合成、修復和更新身體細胞蛋白質所需的材料。例如，細胞重建、移除不正常的蛋白質、飢餓時分解的肌肉蛋白質等，這樣的過程稱為蛋白質周轉（Protein turnover）。

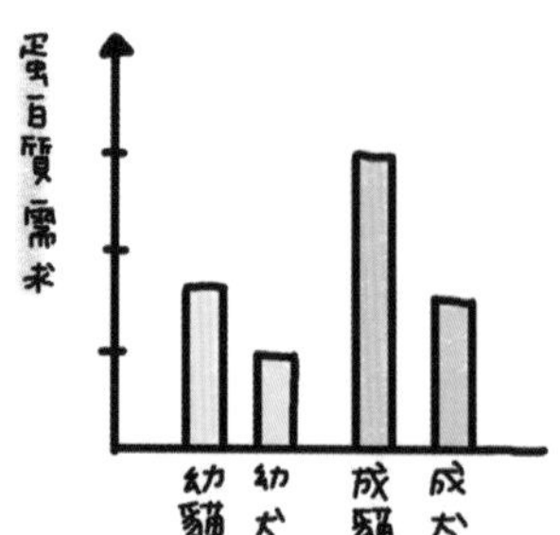

◀ 貓咪的蛋白質需求比狗狗高（示意圖）

b. **貓咪的身體可以不斷處理高蛋白質飲食**

既然食肉性的貓咪需要大量的飲食蛋白質，來滿足身體蛋白質的合成更新和能量需求，那麼身體就需要一個能有效處理大量的飲食蛋白質及其代謝產物的地方——也就是肝臟。

貓咪的肝臟中有高量的胺基酸分解代謝酶——胺基酸轉移酶（Aminotransferases）和尿素循環酶（Urea cycle enzymes），這些胺基酸分解代謝酶一直處在活化狀態，可以不斷分解代謝胺基酸，並將代謝過程產生出來的有毒氨，經由尿素循環變成毒性低的尿素，尿素再隨著尿液排出體外。所以，貓咪不會因為吃了太多蛋白質飲食，導致血液中氨過高而生病。

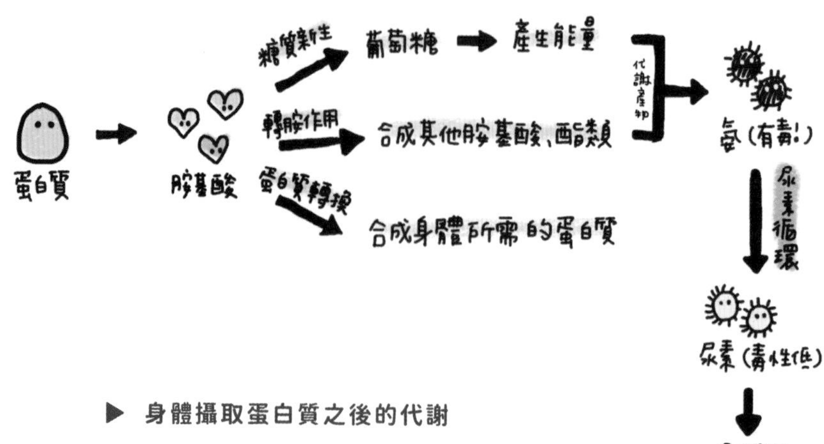

▶ 身體攝取蛋白質之後的代謝

Q & A

Q、貓咪的身體沒有調節胺基酸分解代謝酶的能力？

A、是的，貓咪的身體雖然可以不斷處理高量蛋白質飲食，卻無法依據飲食蛋白質量的多寡來調整胺基酸分解代謝酶的活性。因此，當貓處在飢餓或營養不良時，會是個缺點。

人類和狗狗在攝取高蛋白質飲食時，肝臟中的胺基酸分解代謝酶活性就會增加，以處理更多的胺基酸；而尿素循環酶的活性也會增加，以處理胺基酸分解代謝時產生的氨。相反的，在飢餓或吃低蛋白質飲食時，身體會降低這些胺基酸分解代謝酶的活性，進而保留全身蛋白質合成所需的胺基酸，並減少由尿素循環產生的氮。

但貓咪卻不一樣！他們的身體無法降低肝臟胺基酸分解代謝酶的活性，處在高活性狀態下的胺基酸分解代謝酶，讓貓咪在餐後分解大量胺基酸，就算貓咪處於長期飢餓或攝取過低蛋白質飲食時，肝臟的胺基酸分解代謝酶的活性也不會因此降低。

為了應付身體高量蛋白質的需求和胺基酸分解代謝酶，就會開始分解身體的蛋白質（如肌肉），因此不但無法保存身體的胺基酸，還損失更多的胺基酸，造成體重減輕和增加疾病發生的機會。

◀ 當貓咪長時間飢餓或飲食中蛋白質缺乏，就會開始代謝身體的蛋白質

c. 飲食中的蛋白質可以提供身體能量

在人類和狗狗，飲食中的碳水化合物會在體內轉換為葡萄糖，提供身體能量來源；而食肉性的貓咪是以消化高蛋白質、低碳水化合物的飲食為主，在缺少飲食碳水化合物的情況下，貓咪身體是以胺基酸糖質新生作用（Gluconeogenesis）為主要產生能量來源的方式，將飲食蛋白質分解後的胺基酸轉變成葡萄糖，作為能量來使用。

另外，有報告提出，食肉性貓科動物的大腦對於葡萄糖有很高的代謝需求量，所以大腦需要的葡萄糖大部分是由飲食蛋白質的糖質新生作用產生；這也說明了，貓咪需要高量的飲食蛋白質可能是因為這些身體代謝需求的結果。因此，就算飲食中碳水化合物的含量少，只要蛋白質的含量足夠，身體也能不斷的將這些蛋白質轉變成葡萄糖，來維持體內血糖的穩定。

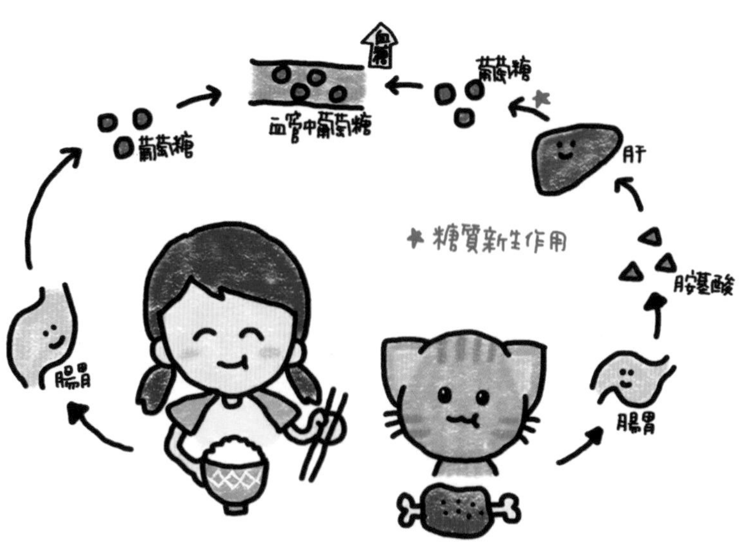

▲ 貓咪是肉食性動物，吃了蛋白質之後能藉由肝臟的糖質新生作用穩定升高血糖

d. 貓咪對於特定必需胺基酸的需求

食肉特性加上身體無法保存蛋白質，所以貓咪需要由飲食中來獲得許多的必需胺基酸，如牛磺酸、精胺酸、蛋胺酸和半胱胺酸等。

這些必需胺基酸參與了體內蛋白質的合成和分解、部分生化反應以及提供能量，對身體是非常重要的物質。當貓咪長期攝取低蛋白質飲食，或是不吃時，容易造成必需胺基酸的缺乏，引起疾病發生。貓咪需要的必需胺基酸約有 12 種，其中精胺酸和牛磺酸對貓咪來說非常重要。

♦ 精胺酸（Arginine）

飲食蛋白質在體內被分解成胺基酸後，部分胺基酸在分解代謝後會產生氨（Ammonia），氨會被運送到肝臟中，進入尿素循環，形成弱毒的尿素（Urea），再經由腎臟產生尿液排出體外。而尿素循環中必須要有精胺酸的存在，才能進行氨的「解毒作用」。

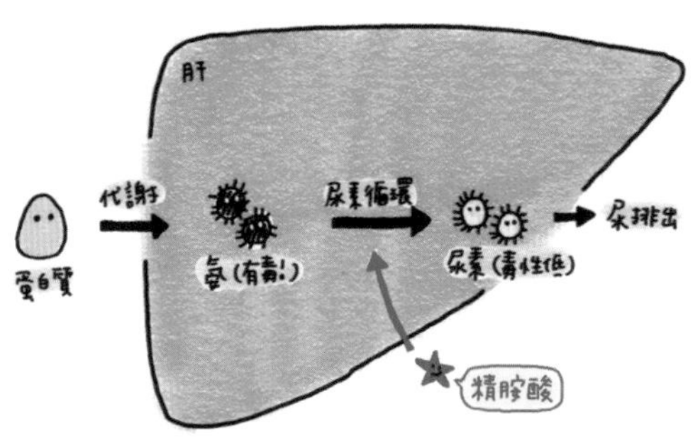

▲ 精胺酸是尿素循環中不可或缺的必需胺基酸

雖然貓咪的高蛋白質飲食習慣，會讓身體產生較多的蛋白質代謝產物「氨」，但也因為這些動物性蛋白質食物含有豐富的精胺酸，讓體內有足量的精胺酸來參與尿素循環，幫助處理這些代謝產物。另外，在豆類或乳製品等食物中也都含有精胺酸，只要每餐都有攝取到這些蛋白質飲食，是不太容易缺乏精胺酸的。

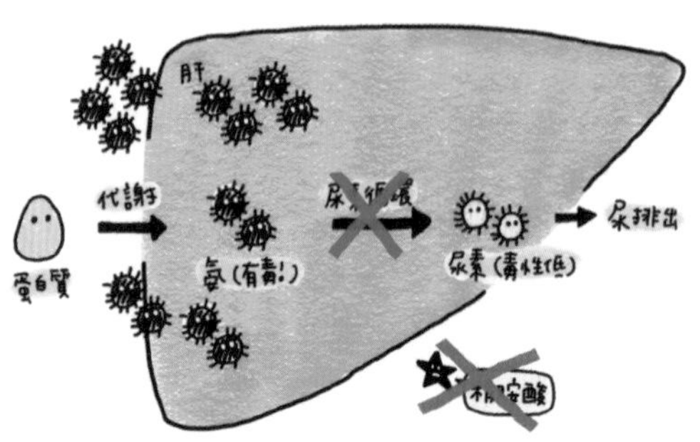

▲ 當飲食中缺乏精胺酸，會導致有毒的氨在體內累積，造成貓咪生病

當貓咪的飲食中缺乏精胺酸時，血液中產生的有毒氨就無法轉換成尿素排出體外，氨會累積在體內，就可能會出現高血氨症。可能會出現的症狀包括嘔吐、唾液分泌過多、過度活動和感覺過敏（Hyperesthesia）、走路不穩；嚴重時會呼吸暫停、發紺，甚至會在幾個小時內死亡。

▲ 高血氨的症狀包含流口水、嘔吐、走路不穩等（嚴重時更可能導致死亡）

♦ 牛磺酸（Taurine）

牛磺酸是一種β氨基乙磺酸，嚴格來說不算是一種胺基酸，但對貓咪來說卻是不能缺少的營養物質。食肉性貓咪的飲食中含有非常豐富的牛磺酸，所以身體演化成不需要合成牛磺酸的能力，但就必須從食物中獲得。

動物性組織中（如肉類）含有豐富的牛磺酸，只要有攝取到不容易造成牛磺酸缺乏；但植物組織中牛磺酸含量非常少，甚至沒有牛磺酸，如果長期只提供植物性蛋白質飲食，有可能會造成牛磺酸缺乏。

牛磺酸在體內許多的代謝上提供重要協助，包括滲透壓調節、作為抗氧化劑、脂肪組織代謝調節，以及膽汁酸結合等。其中，牛磺酸是與膽汁酸結合形成膽鹽的營養物質，這對於食物中脂肪的消化和吸收非常重要，如果食物中缺乏牛磺酸，會減少脂肪的消化吸收。

而牛磺酸也存在於貓咪的心臟、肌肉、腦和視網膜等組織中。因此，當貓咪飲食中缺乏牛磺酸時，就容易引起擴張性心肌病、視網膜退化和失明、繁殖障礙、免疫力下降、新生兒生長狀況差以及先天性缺陷等問題發生。

▲ 牛磺酸是貓咪的「必需胺基酸」之一，
其最重要的功能爲維持視網膜及心肌的健康

ⓘ人ⓘ✦

對貓咪而言，什麼是好的蛋白質？

飲食蛋白質的質量好壞，取決於身體需要的胺基酸種類、含量和消化吸收率。前面提過，每種動物需要的必需胺基酸不同，因此飲食蛋白質中胺基酸的含量和比例越符合身體的需求，消化吸收率就會越高，這樣的飲食蛋白質就是優質蛋白質（High quality protein），也就是完全蛋白質，對貓咪而言這類大多為動物性蛋白質。缺少了幾種必需胺基酸的蛋白質，就稱為不完全蛋白質，而植物性蛋白質多為此類。

動物性蛋白質在貓咪的利用率大多優於植物性蛋白質，但是這並不代表植物性蛋白質就不適合貓咪喔！就算食物中缺乏某幾種必需胺基酸，只要將兩種各自缺乏不同胺基酸的食物一起給予，補足彼此缺乏的胺基酸就成了互補性蛋白質，也能為身體提供所需的必需胺基酸。

▲ 動物性蛋白質和植物性蛋白質哪個好？

舉例來說，大豆中含有多種貓咪需要的必需胺基酸，但甲硫胺酸含量較低，如果單獨使用大豆，可能容易有缺乏的問題；不過，如果把大豆與其它含有甲硫胺酸的蛋白質（如肉類）一起給予，就能相互補足缺乏的必需胺基酸。因此優質蛋白質飲食不單只是由動物性或植物性來源來決定，而是要含有能滿足貓咪身體需要的所有必需胺基酸。

▲ **貓咪為肉食性動物，對動物來源的蛋白質有高消化率**

雖然植物性蛋白質對貓咪來說是不完全蛋白質，但部分還是可以有效被利用，也容易被身體消化；加上這類蛋白質的熱量低，礦物質、維生素和飲食纖維含量高，對於肥胖的貓咪而言，可以增加飽足感及減少熱量攝取。與其比較哪種蛋白質對貓咪比較好，不如選擇適合並且可以提供完整必需胺基酸的飲食蛋白質。

▲ **植物來源的蛋白質有消化率高的優點，但缺乏對貓咪非常重要的「牛磺酸」，因此別讓貓咪只吃素！**

2.
脂肪

除了蛋白質，飲食中的脂肪對貓咪來說也是重要的營養物質，食肉特性讓他們的身體能利用高脂肪飲食，而不會造成無法適應的情況。健康的貓咪能接受食物中的脂肪含量高達 45 ～ 50%；雖然可以接受高脂肪飲食，但需要的脂肪量還是要看當下身體狀況對能量和必需脂肪酸的需求量而定。

既然對於脂肪的需求量可以很高，那麼飲食中的脂肪對貓咪的身體有什麼功用呢？

a. 脂肪提供熱量

脂肪是提供高熱量來源的營養物質，每公克脂肪（8.5kcal/g）能提供的熱量是蛋白質和碳水化合物（3.5kcal/g）約 2.5 倍。此外脂肪的消化率也高於其它兩種營養物質，因此會增加熱量的攝取，對於生長、懷孕和哺乳等時期的貓咪，是非常好的熱量來源。

b. 脂肪可以作為儲存和利用的能量

食物熱量攝取過多時，多餘身體用不到的熱量，就會轉變成脂肪組織儲存起來；當身體需要能量時，脂肪細胞就會分解，產生脂肪酸來使用。

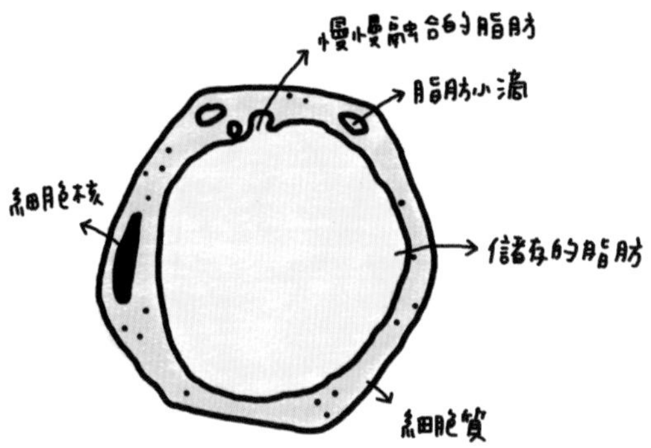

◀ 脂肪細胞內可以儲存許多脂肪（儲存能量）

c. **提供身體需要的必需脂肪酸**

飲食中的脂肪能提供身體無法合成的必需脂肪酸。必需脂肪酸對於貓咪健康成長、皮膚和毛髮健康，以及母貓懷孕哺乳過程是不可缺少的營養物質。

d. **增加食物的適口性**

飲食的適口性好與不好，和脂肪含量有很大的關係，脂肪含量越高就越能增加食物的美味和適口性，大幅提高貓咪的進食意願。此外，高脂肪的食物可以讓貓咪不需要吃太多，就能滿足身體熱量需求，這對一些「小鳥胃」或挑食的貓咪來說是個選擇。

▲ 脂肪可以加食物的適口性

e. **幫助脂溶性維生素的吸收**

脂溶性維生素需要有脂肪的幫助，才能讓脂溶性維生素經由腸壁被吸收。當飲食中的脂肪含量過低時，可能會影響脂溶性維生素的吸收。

◀ 脂肪能幫助脂溶性維生素的吸收

f. 脂肪具有保護作用

儲存在體內的脂肪除了能夠作為能量使用，在皮下或是內臟器官周圍的脂肪也具有保護作用，可以避免器官受外力傷害；而皮下脂肪還可以作為絕緣體，具有隔熱保溫作用。

▲ 皮下脂肪能给予保溫作用

一般人對於脂肪的理解是脂肪等於油脂，不過飲食中的脂肪也可以稱為脂質（Lipid），是由不同的脂肪酸（Fatty acid）加上不同的化合物形成，例如一分子甘油＋三分子脂肪酸＝三酸甘油酯。其中，三酸甘油酯（Triglycerides）是飲食中最常存在的脂肪形式。

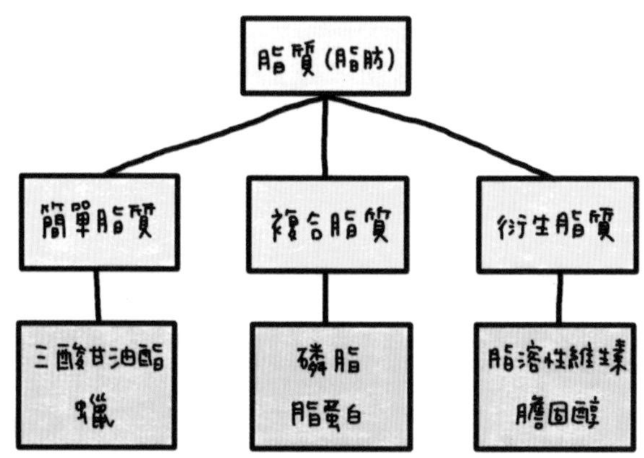

▲ 我們常聽見的「脂肪」爲脂質的一種
（猜猜看「脂肪」在哪個位置呢？）

在食物消化的過程中，飲食脂肪會在胃腸道中被分解成脂肪酸。這些脂肪酸除了可以提供身體能量之外，也是貓咪必需脂肪酸的主要來源。

脂肪酸在貓咪的體內具有許多生理作用，例如，脂肪酸可以儲存在脂肪細胞中，需要時作為能量使用；脂肪酸是細胞膜結構組成的重要成分；脂肪酸是膽固醇和三酸甘油酯運輸和代謝所需的物質等。因此，飲食中的脂肪並不是只能提供能量，對於身體正常功能的運作和維持，也是必要的營養物質。

脂肪酸與胺基酸一樣，也分成必需脂肪酸和非必需脂肪酸。**必需脂肪酸**（Essential fatty acid）無法由身體合成，必須經由飲食攝取而獲得，其中的Omega-3和Omega-6是重要的必需脂肪酸；**非必需脂肪酸**（Nonessential fatty acid）則是在身體需要時，可以自行合成製造，不需依賴飲食獲得。

▲ **脂肪酸有許多種類，在營養學中主要分成「必需」與「非必需」脂肪酸**

必需脂肪酸

飽和脂肪酸與單元不飽和脂肪酸的 Omega-9 脂肪酸因為身體可以自行合成，所以屬於非必需脂肪酸；而多元不飽和脂肪酸的 Omega-3 脂肪酸和 Omega-6 脂肪酸必須從飲食中取得，屬於必需脂肪酸。它們對皮膚是有幫助的營養物質，還有許多重要的生理功能，如抗發炎、增強免疫力及降低疾病帶來的不好影響等。

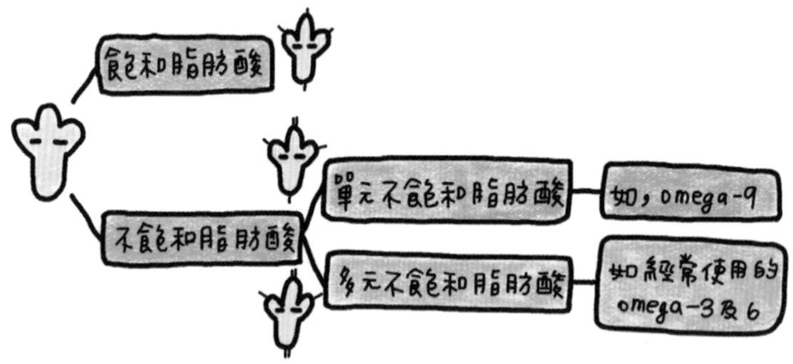

▲ 脂肪酸依結構的不同，又可再細分

Omega-3 脂肪酸

在 Omega-3 脂肪酸中有二十二碳六烯酸（Docosahexaenoic acid；DHA）、二十碳五烯酸（Eicosapentaenoic acid；EPA）和 α- 亞麻酸（α-Linolenic acid；ALA）三種必需脂肪酸。

DHA 和 EPA 在魚油、磷蝦油中含量豐富，是優質的 Omega-3 脂肪酸來源；而 α- 亞麻酸則存在於植物中（如亞麻籽）。人類的身體可以將植物來源的 α 亞麻酸轉換為 DHA 和 EPA，但貓咪轉換能力較差，還是需要從飲食中獲得足夠的 DHA 和 EPA 的量。

小貓的神經和視網膜組織在發育時期需要高量的 DHA，缺乏會導致神經系統異常以及視力問題，甚至會影響學習能力。因此，在母貓懷孕和哺乳期間提供足夠的飲食脂肪酸，對小貓正常的生長和發育很重要。相反的，在成年貓咪反而是 EPA 比 DHA 更重要，這是因為 EPA 具有更強的抗氧化及抗發炎作用。

▲ 魚油及蝦油中有豐富優質的 DHA 及 EPA，DHA 及 EPA 皆是 Omega-3 脂肪酸的成員

Omega-6 脂肪酸

在 Omega-6 脂肪酸中，有亞油酸（Linoleic acid；LA）、花生四烯酸（Arachidonic acid；AA）和 γ- 亞麻酸（Gamma-Linolenic acid；GLA）三種脂肪酸。Omega-6 脂肪酸對貓咪而言也是重要的必需脂肪酸，具有重要的生理功能（如皮膚和生殖系統）。當身體缺乏 Omega-6 脂肪酸時，會導致皮膚和毛髮異常、生殖問題、小貓發育不良等問題產生。

◀ Omega-3 及 Omega- 6 是屬於「必需」脂肪酸

Omega-6 脂肪酸中的亞油酸，在大部分的植物油（如菜籽油）中有豐富的來源，少量存在於動物脂肪中。亞油酸對於維持皮膚健康有重要作用，缺乏會造成貓咪毛髮乾燥、無光澤和皮屑等。

貓咪食肉的特性，加上動物性組織中含有豐富的花生四烯酸，因此他們的肝臟中缺少了可以將亞油酸轉換成花生四烯酸的去飽和酶（如 δ-6 去飽和酶），必須從飲食中獲得花生四烯酸。花生四烯酸對貓咪而言是一個重要的必需脂肪酸，尤其在生長、懷孕和哺乳期的貓咪，當貓咪飲食中缺乏花生四烯酸，會造成繁殖障礙，以及降低幼貓生存能力。

▲ **植物也能提供優質的脂肪酸，例如亞麻油酸、花生烯酸等，這兩者皆是 Omega-6 脂肪酸的成員**

雖然脂肪酸對貓咪的身體而言是重要的營養物質，也不代表多吃無害。在貓咪健康的情況下，均衡飲食就能攝取到足夠的必需脂肪酸，不太需要額外給予（除非身體有疾病時會需要）。因為，攝取過量的脂肪或脂肪酸，除了增加肥胖形成機會外，也可能造成身體不好的影響，如凝血功能、胃腸道症狀、延遲傷口癒合等。

◎人◎✦

3.
碳水化合物

貓咪的祖先還沒被人類馴養前，在野外生活以捕食到的獵物為主要食物來源，像是小型哺乳類、鳥類、爬蟲類或昆蟲等，能提供的營養物質以蛋白質和脂肪為主。而獵物的胃腸道中，還含有少量的碳水化合物，以及動物組織中的糖原，這些都是碳水化合物，因此就算只有少量的碳水化合物，貓咪一樣可以消化。

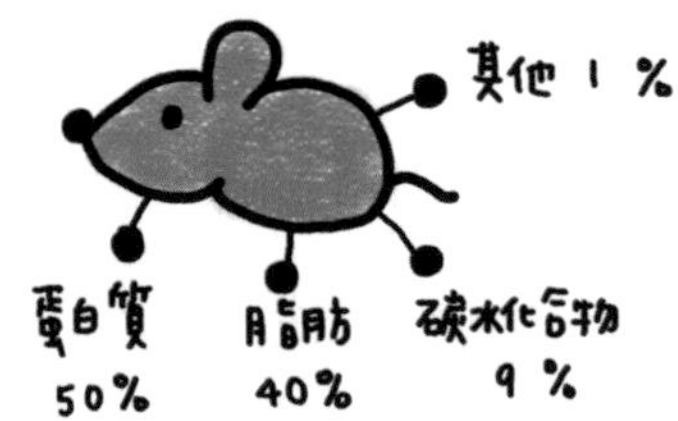

▲ 小型獵物提供的營養物質中，只含少量的碳水化合物

碳水化合物（Carbohydrates）也稱為醣類，是由碳、氫、氧所構成的化合物。碳水化合物對許多動物來說是重要的營養物質，它可以提供身體細胞需要的能量——葡萄糖。飲食中的碳水化合物會在胃腸道中被消化分解成葡萄糖，接著在腸道中被吸收，並運送到身體各個細胞作為能量使用。

可消化的碳水化合物，尤其是單糖中的葡萄糖，它在身體的代謝上是必要的存在。這類葡萄糖在血液中不需經過轉換就可以馬上提供身體細胞能量，對於無法儲存葡萄糖的大腦來說更是重要的能量來源。其它的組織和細胞，如眼睛、紅血球或白血球等，也都需依賴葡萄糖來滿足其能量需求。

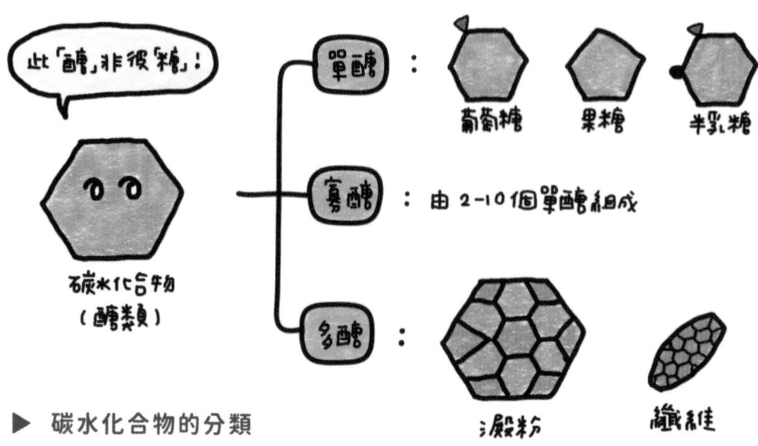

▶ 碳水化合物的分類

雖然碳水化合物在貓咪的飲食中不是必要的營養物質，但它仍然可以提供身體能量來源，所以不要認為碳水化合物對貓咪來說是完全不需要的營養物質。

貓咪獨特的代謝碳水化合物能力

隨著貓咪漸漸被馴化，為了適應人類的生活，飲食成分開始變得跟原始的獵物不同了。商業飲食中的碳水化合物逐漸增加，而貓咪的身體似乎也能有效消化這些加工過的碳水化合物。雖然如此，當飲食中的碳水化合物含量過高時，還是有可能對貓咪造成健康上的影響（如胃腸道不適），這是因為貓咪雖然被馴化，但食肉性動物「獨特的碳水化合物代謝特性」仍然被保留下來的緣故。

a. 消化道的長度較短

為了消化動物性蛋白質為主的飲食，貓咪腸道的長度相對較短，但這也限制了消化碳水化合物的能力。當餵食大量或是不易消化的碳水化合物飲食給貓咪時，無法被分解的碳水化合物就會在腸道中發酵，導致腸道細菌過度產生，造成貓咪消化不良（如下痢和腹脹）。

b. 缺乏碳水化合物的消化酶

貓咪缺乏唾液澱粉酶，而胰澱粉酶只有狗的 5%，腸澱粉酶只有 10%，所以無法有效將大量的碳水化合物分解成葡萄糖。除此之外，他們的胰臟組織中也缺乏蔗糖酶和乳糖酶，肝臟中則缺乏了葡萄糖激酶（Glucokinase）*。

因為身體缺乏這些消化酶，造成貓咪無法消化大量的碳水化合物飲食，就算給再多，能消化的也只是少量，所以對於碳水化合物的需求自然就降低許多。

◀ 貓咪作爲肉食性動物，消化道不適合消化太多碳水化合物

* 葡萄糖激酶：
食物中的碳水化合物被分解成葡萄糖並進入肝臟後，葡萄糖激酶會將葡萄糖轉化為細胞可以製造能量的形式；貓咪肝臟的葡萄糖激酶缺乏，因此無法經由這個途徑代謝大量的碳水化合物。

Q & A

Q、貓咪真的無法有效消化吸收碳水化合物嗎？

A、貓咪消化道的演化是為了適應食肉性飲食，但不代表他們不能有效消化和利用碳水化合物。身體對於碳水化合物的消化率，會依據碳水化合物的來源與處理方式而有所不同，只要將碳水化合物適當煮熟和加工，健康的貓咪大多可以提高消化率和利用率。

更重要的是，碳水化合物飲食也是飲食纖維的來源，對於維持胃和腸道的正常功能是必要的。

▲ 市售飼料成分中的碳水化合物經過加工，
消化率可達 40 ～ 100%

Q & A

Q、健康的貓咪攝取碳水化合物含量較高的飲食後，容易造成血糖快速變化嗎？

A、健康貓咪在攝取高碳水化合物飲食後，不一定會造成血糖急速上升，因為市面上常見的貓咪食品大多為複合型碳水化合物（如澱粉和纖維），而單糖類含量較少，加上貓咪食肉的特性使得體內缺乏、或只有少量可以消化碳水化合物的消化酶（如唾液澱粉酶和胰澱粉酶）和代謝酶（如葡萄糖激酶），導致身體消化這類碳水化合物的時間延長，以及從血液中吸收葡萄糖的速度變慢，所以還是要看飲食中的碳水化合物是哪種類型，以及含量多少。如果是給予濃度很高的單糖類（如葡萄糖），會造成貓咪進食後血糖急速上升喔！

▲ 貓咪缺乏碳水化合物的消化酶，所以會延長複合型碳水化合物的消化時間

Q & A

Q、貓咪也有乳糖不耐症？

A、乳糖酶在新生幼貓的含量很高，它可以將母貓乳汁中的乳糖分解，並提供幼貓能量。但是，乳糖酶只在哺乳時期存在，當母貓停止哺乳後，幼貓體內的乳糖酶含量就會快速減少，導致身體無法完全消化乳糖，這也是大部分成年貓咪在喝牛奶後容易拉肚子的原因。

▲ **大部分成貓的乳糖酶不足，喝牛奶易拉肚子**

貓咪對碳水化合物的需求

雖然食肉的演化和生理特性，使得貓咪對碳水化合物的需求量較低，但在某些情況下，飲食中還是要有少量碳水化合物。例如，懷孕或疾病導致身體對於能量需求增加，或必須減少飲食蛋白質時，這些碳水化合物不但可以提供身體額外的能量來源，也讓原本要提供身體能量使用的蛋白質，能優先用於其它身體蛋白質的合成，而不需要用來產生能量。

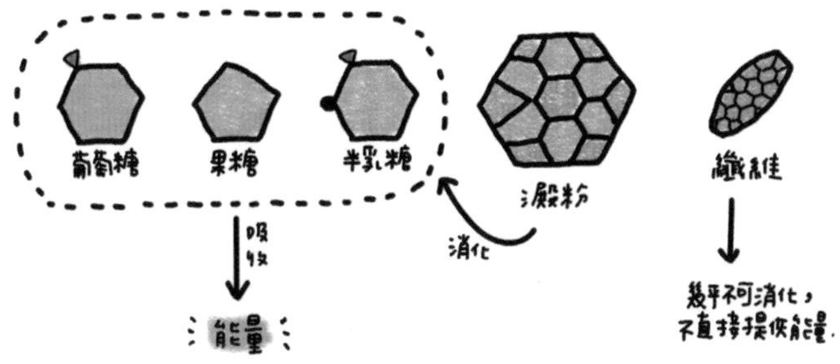

▲ 提供能量的碳水化合物

貓咪需要少量碳水化合物飲食的情況

¤ 需要限制蛋白質飲食的貓咪（如腎臟疾病），減少了蛋白質可以提供的能量，不足的熱量要由碳水化合物和脂肪來取代和補足。

¤ 懷孕和哺乳期母貓所需要的食物能量，會比幼年期貓咪還要高。正所謂「一貓吃多貓補」，提高碳水化合物的含量可以滿足母貓及小貓此時期的能量需求，對小貓的生長也比較好。

▲ 慢性腎病及懷孕母貓對碳水化合物的需求比一般成貓高一些

Q & A

Q、無穀飲食（Grain-free diet）沒有含碳水化合物嗎？
對貓咪比較好？

A、很多家長都以為無穀飲食不含碳水化合物，其實是不對的。無穀≠無碳水化合物！而且並不是每種無穀飲食的碳水化合物含量就一定比較低。

此外，無穀是指沒有穀類，但有其它碳水化合物來源（如馬鈴薯、豆類、木薯、豌豆）代替穀物作為碳水化合物的來源。大家可能會認為貓咪不需要碳水化合物，所以穀類對他們而言不是必要的食物，但穀類中除了含有醣類之外，還可以提供蛋白質、纖維和多種微量營養物質，這些物質對貓咪的身體健康是有益的。每種營養物質一定都有存在的必要性，就算需求量不大，但在身體中的生理作用也不能缺少。因此，在飲食的選擇上，無穀飲食不一定是最好的，挑選營養均衡且貓咪也願意接受的飲食，才能維持身體的健康。

▲ 無穀飼料「不等於」無碳水化合物飼料

Q、貓咪會變胖是因為吃太多含碳水化合物的飲食？

A、因為市售貓咪飲食的碳水化合物含量，比他們在野外生活的獵物還高，大家就認為是這些飲食使貓咪肥胖。然而貓咪變胖不單只因為食物中碳水化合物含量過高，結育與否、缺乏運動、每天進食總熱量、餵食頻率、家中貓咪飼養隻數，以及家長對貓咪體態狀況的看法等都是影響因素。

因此碳水化合物並不是形成肥胖主要的原因，還是因為攝取的食物熱量超過身體本身的需求量。過多的熱量最後就會變成脂肪，儲存在身體裡，導致貓咪肥胖。

FIBER

纖維

說到飲食纖維（Fiber），一般人會與「蔬菜」劃上等號，其實不完全是對的。碳水化合物不只有澱粉或糖類，纖維也是碳水化合物的一種，存在於植物中，但不會被小腸吸收也無法提供熱量，並可以在大腸中被發酵。

食肉特性讓貓咪的消化道比較短，才能在短時間內消化大量的蛋白質，但卻無法消化植物性飲食，因為這類飲食需要長時間來消化。雖然貓咪對纖維需求量不高，但纖維對腸道的健康仍是重要的營養物質。

生活在野外的貓咪，飲食中的纖維多半來自獵物胃裡面的植物性纖維，以及少量的獵物毛髮和韌帶（即動物性纖維），但養在室內的貓咪大多以乾食或濕食為主，能攝取到的纖維有限，加上生活在室內不需要狩獵和防禦敵人，活動量減少，睡覺和理毛時間相對較長，肥胖和毛球問題就會增加。所以，生活在室內的貓咪還是需要適量的增加飲食纖維。

纖維對腸道的重要性

為什麼飲食纖維對貓咪腸道的健康很重要？得先從飲食纖維的特性來了解。飲食纖維具有兩種特性：溶解性和發酵性，這兩種特性對維持胃腸道健康不可缺少。依據飲食纖維在水中的保水能力，能分成可溶性纖維（Soluble dietary fiber）和非可溶性纖維（Insoluble dietary fiber）。

◀ **飲食中纖維分爲可溶性和不可溶，不提供能量，但能提供飽腹感及促進腸蠕動等。**

可溶性纖維

- 具「保水能力」，可溶性纖維與體內水分接觸時會形成凝膠狀，使糞便保持一定濕度，並防止乾硬。
- 可溶性纖維使胃排空變慢並增加飽足感。
- 常見來源為果膠和樹膠，寵物食品通常使用樹膠（樹膠能改善罐頭食品的質地）。
- 對於便秘、減重和糖尿病的貓咪有幫助。

1.4

亞麻籽

將亞麻籽放在水中一段時間後，水會變得黏稠，這是因為裡頭含有可溶性纖維。

非可溶性纖維

- 可以增加糞便體積並刺激腸道蠕動，加速糞便排出時間。
- 不具有吸收水的能力，所以不會軟化糞便。
- 大多來自飲食中的穀物和豆類，並且以纖維素的形式添加到寵物食品中。
- 對於下痢和毛球症的貓咪有幫助。

> **小麥草**
>
> 將小麥草放入水中一段時間後不會溶於水中，因為其中含有高量的非可溶性纖維。

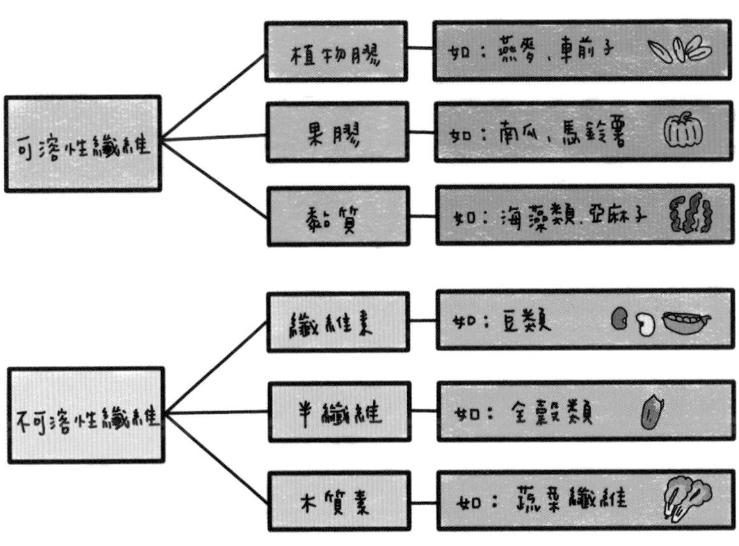

▲ 飲食纖維的種類

纖維的發酵性

為了能在短時間內消化動物性飲食，貓咪的結腸和直腸長度比其它動物短，但這些腸道中存在著大量的細菌群，它們在維持貓咪腸道的健康上扮演重要的角色。

腸道內的細菌可以發酵飲食中的植物性纖維，並在發酵過程中產生脂肪酸，作為腸道細胞的能量使用，並維持腸道健康。具有發酵性又常使用在寵物食品的纖維來源包括：發酵性差的纖維素，中等程度發酵性的甜菜漿、豌豆和大豆，以及高度發酵性的果膠、樹膠和車前子。

雖然貓咪對飲食纖維的需求量不像蛋白質或脂肪這麼多，但每天攝取適當的飲食纖維，對維持腸道健康及腸道內細菌群的穩定是重要的！

4. 維生素

維生素（Vitamins）在身體代謝過程中是重要的有機化合物，每種維生素都參與了多種不同的功能，維生素可分成脂溶性維生素（如維生素 A、D、E、K）和水溶性維生素（如維生素 B 群和維生素 C）。

因為食肉性的演化，讓貓咪在某幾種維生素上的需求和狗狗有些不同。貓咪的身體無法合成大部分維生素，必須從飲食中獲得，而在全肉飲食中含有豐富的維生素，一些植物和穀類中也有，因此他們能從飲食中獲得足夠的維生素。

▲ 維生素分爲脂溶性（A、D、E、K）及水溶性（B 群及 C）

a. 脂溶性維生素

貓咪的身體無法合成維生素 A、D 和 E，必須從飲食中獲得，所以脂溶性維生素是不可缺少的；而維生素 K 也是必要的物質，不過它可以經由腸道菌群來產生足夠的量。

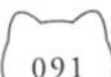

◀ 攝取過多的脂溶性維生素會累積在身體內導致生病

♦ **維生素 A**

不論是動物性或植物性組織中都含有維生素 A（Vitamin A；Axerophthol）。在動物性組織中（尤其是內臟組織）是以維生素 A 的形式存在，而植物中則是類胡蘿蔔素（即維生素 A 的前體）的形式存在。但在貓咪的腸道中缺乏將植物中 β 胡蘿蔔素轉換成視黃醇（活性型維生素 A）的轉換酶，因此需要攝取動物性組織，才能從中獲得維生素 A，加上貓咪的肝臟可以儲存維生素 A，所以不至於有缺乏問題。

維生素 A 有許多重要的作用，如維持骨骼和肌肉生長、繁殖、視力等，但維生素 A 攝取過多時，可能會導致貓咪關節僵直、畸形和癱瘓等發生。雖然不太容易會缺乏維生素 A，但在嚴重肝臟疾病或是腸胃道疾病導致脂肪吸收不良時，就可能會造成維生素 A 缺乏。

♦ **維生素 D**

在人類，大部分的維生素 D（Vitamin D）可經由陽光照射轉換而來，少部分由飲食（如富含油脂的魚、肉類和蛋黃等）中攝取；而貓咪剛好跟人類相反，因為皮下缺乏 7-脫氫膽固醇（7-Dehydrocholesterols），因此無法經由陽光照射來獲得維生素 D。但動物性組織和脂肪中含有豐富維生素 D，所以他們可以從動物性飲食中獲得足量維生素 D，大多不太會有缺乏問題。

▲ 只要飲食中肉類充足，貓咪就不需經由曬太陽來合成維生素 D

維生素 D 主要的功能在維持體內鈣和磷平衡，尤其是鈣在腸道中的吸收、保留和骨沉積。和維生素 A 一樣，只要飲食攝取均衡就不太容易缺乏，因此不需要額外補充；因為，維生素 D 攝取過多可能會導致高血鈣症的形成。

♦ 維生素 E

維生素 E（Vitamin E；α-Tocopherol）具有抗氧化作用，是一種有效的抗氧化劑。在體內和飲食中的多元不飽和脂肪酸（如 Omega-3 和 Omega-6）容易受到氧化傷害，而維生素 E 可以防止身體細胞的過氧化傷害，也能防止飲食中脂肪因過氧化導致酸敗和營養價值的損失，因此在許多市售的寵物飲食中都會添加。

由於飲食中維生素 E 的作用主要是在減少多元不飽和脂肪酸的氧化，因此飲食中維生素 E 的需求，取決於飲食中多元不飽和脂肪酸的含量。若長期只餵食貓咪吃含有脂肪的魚類食物，而沒添加足夠的維生素 E 時，就容易造成身體缺乏維生素 E。

b. 水溶性維生素

水溶性維生素包括維生素 B 和 C。貓咪和人類不同，能由體內的葡萄糖來合成維生素 C，並不是只能由飲食中獲得，但維生素 B 群和人類一樣，必須由飲食中來獲得。

大部分的維生素 B 都能由動物性組織和穀物中獲得，不過，維生素 B12 則必須從動物性組織中獲得。與其它動物相比，貓咪似乎需要由飲食中獲得多種的維生素 B，所以當長時間食慾不振或有消化道疾病，就容易造成維生素 B 缺乏。接著，來了解幾種對貓咪較重要的維生素 B。

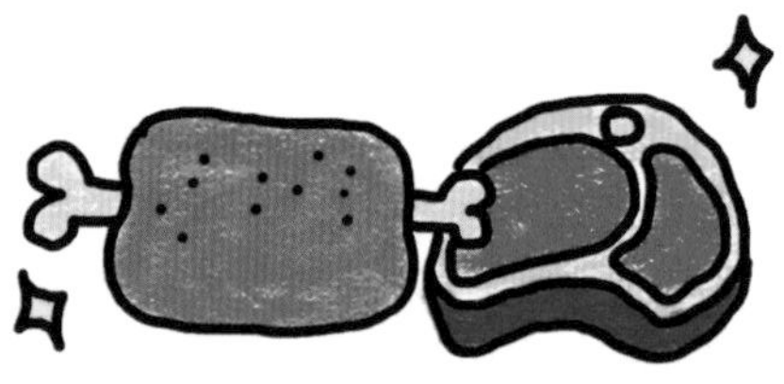

▲ 肉類中含有豐富的維生素

♦ 維生素 B1

維生素 B1 又稱硫胺素（Thiamine），是碳水化合物轉換為葡萄糖、脂肪和胺基酸代謝、肌肉收縮以及神經傳遞的重要物質。雖然肉類、豆類和全穀類中含有維生素 B1，但在食品加工的過程中，會因為高溫等因素造成維生素 B1 流失，因此，大部分寵物食品在加工過程都會額外再添加維生素 B1。

除了加工因素，其它可能造成貓咪飲食中維生素 B1 缺乏的因素，包括維生素 B1 不足的市售罐頭食品或自製飲食。此外在某些魚貝類中含有硫胺素酶（Thiaminase），會使維生素 B1 失去活性，如長期只餵食貓咪生魚肉或未煮熟的魚肉，容易造成維生素 B1 缺乏，進而影響中樞神經系統功能（如癲癇、共濟失調）。

♦ 維生素 B3

維生素 B3 又稱菸酸（Niacin），在飲食蛋白質、脂肪和碳水化合物的代謝途徑中有重要的相關性。動物性組織（如肉類）和植物性組織（如穀類、豆類）都含有大量的維生素 B3，貓咪的身體可以吸收動物性組織來源的維生素 B3，卻無法吸收植物性來源。再加上狗狗可以由飲食中的色胺酸來合成維生素 B3，但貓咪缺乏這種能力，所以他們只能從飲食中獲得維生素 B3，相對的在需求上也會比狗狗高。

♦ 維生素 B6

維生素 B6 又稱吡哆醇（Pyridoxine），在胺基酸代謝中是一個重要的輔助因子。由於貓咪的身體對於飲食蛋白質需求大，體內會不斷進行胺基酸代謝作用，在代謝過程中就會需要維生素 B6 的幫助，因此，貓咪對維生素 B6 的需求會比狗狗高 4 倍。而在動物組織（如肉類和魚）和植物性組織（如全穀物）中都含有維生素 B6，所以不太會有缺乏維生素 B6 的問題。

♦ 維生素 B9

維生素 B9 又稱為葉酸（Folic acid），在 DNA 與 RNA 的合成、促進紅血球生成、神經發育等具有重要作用。貓咪可以從飲食中獲得足夠葉酸，因為許多食物中（如蛋黃、肉類和豆類）都有葉酸。

除了飲食，腸道內細菌也可以合成大量葉酸，再被近端小腸吸收；當腸道內細菌過度增殖，會造成腸道吸收過多葉酸，導致血液中葉酸過高。貓咪若缺乏葉酸，有可能會造成貧血、白血球減少、生長遲緩和體重減輕等。

♦ 維生素 B12

維生素 B12 又稱為鈷胺素（Cobalamin）。維生素 B12 對於合成核酸及造血是必要的輔助因子，而對免疫、神經、造血以及消化道系統健康更是非常重要。

貓咪的身體無法產生維生素 B12，必須從飲食中取得，動物性來源的食物中（如肉類、魚類和蛋），都有維生素 B12。維生素 B12 與其它的維生素 B 不同，大部分維生素 B 都無法被儲存在體內，但維生素 B12 可以儲存在肝臟中；不過，維生素 B12 在正常貓咪體內能儲存約 13 天，如果處於生病（尤其是消化道疾病）狀態，體內儲存量就只能維持 5 天。

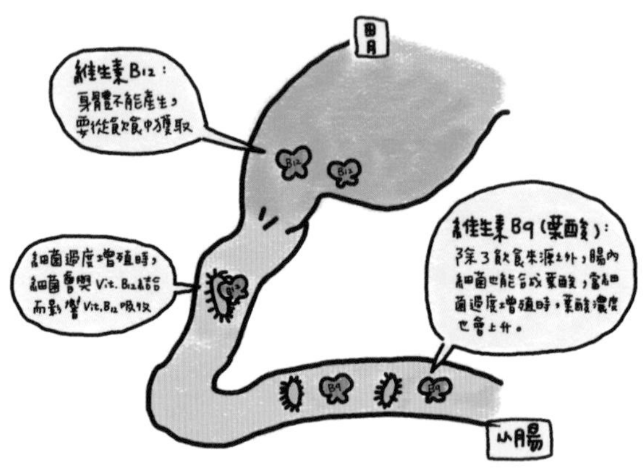

▲ 腸道菌群與維生素 B12、葉酸

維生素 B12 缺乏，會導致貓咪食慾和體重減輕、生長停滯、嘔吐和下痢、貧血、白血球減少等症狀發生。

雖然身體對維生素的需求不像三大營養物質一樣多，但過與不及都不好！唯有均衡和適當的飲食，才不會造成維生素過多或缺乏，引起疾病發生。

◀ 攝取過多的水溶性維生素能夠從尿液中排出

5.
礦物質

雖然貓咪身體對礦物質（Minerals）的需求量不高，但它們對貓咪而言是必要的營養物質。礦物質在體內也參與許多重要的生理功能，例如牙齒和骨骼的形成、血液酸鹼平衡的維持、荷爾蒙的產生，以及在體內各種酵素反應中有著輔助作用等。

貓咪身體需要的礦物質大多需要從飲食中獲得，和其它營養物質一樣，礦物質需求會隨著貓咪年齡增加而改變。礦物質攝取過多或攝取不足，都會破壞體內礦物質的平衡。

我們可是重要的微量營養素！

礦物質	功用
鈣、磷、鎂	骨骼和牙齒的構成成份
鈉、鉀、氯	體液和滲透壓的平衡
鈉、鉀、氯、鈣	酸-鹼平衡
鈉、鉀、鈣	神經傳導、肌肉收縮
鈣	血液凝固

▲ 重要礦物質的功用

貓咪和人類需要的營養物質幾乎是一樣的，只是在代謝途徑和身體需求上與人類有些不同。試著了解貓咪和我們的不同，給予營養物質均衡的飲食，才能讓他們健康成長並維持身體的健康。

1-5 貓咪的進食行為和習慣

很多人都會形容晚上不睡覺的人是「夜貓子」，這個名詞是一般人對貓咪的刻板印象，其實貓咪不能算是完全的夜行性動物，而是「晨昏型動物」才對！他們白天大部分都在休息，到了日落和清晨才開始活動。

貓咪擁有夜間視力，讓他們能在夜晚輕易捕食小動物（如小老鼠），在野外生活的貓咪沒有固定的進食時間，一天 24 小時內隨時都可以進食，主要看什麼時候可以找到食物，或是能不能獵捕到食物。貓咪的進食行為包括尋找獵物、狩獵，並且將吃剩的獵物藏起來，飽足一頓後，他們會開始整理毛髮，接著進入休息狀態。

雖然家貓的身體構造和代謝消化與野外貓咪一樣，但進入人類家庭被圈養後，生活作息會慢慢改變，例如因為缺少狩獵樂趣，夜晚活動時間減少，睡眠時間變得更長；不用再勞心費力抓捕獵物，只要喵喵叫就可以得到免費食物等，以上這些都是貓咪適應人類生活產生的改變。

▲ 貓咪屬於「晨昏型動物」

貓咪一天該吃幾餐？

我們都知道「民以食為天」，對貓咪來說，「吃」也是非常重要的事情。初次養貓的家長，最常問的問題不外乎都與吃有關：「貓咪一天該吃幾餐？」「是吃到飽還是定時定量餵食？」「我該給貓咪吃什麼？」即便是養貓時間很長的家長，也會有同樣問題。

大家都知道貓咪是食肉性動物，卻不一定知道貓咪是獨立狩獵和生活的個體。生活在戶外的貓咪，因為獵物體型小，含有的熱量密度低，只夠自己吃而無法與人分享，所以貓咪大多是單獨狩獵和進食，一天需要吃好幾餐，才能滿足身體基本的營養需求。而現今的家貓也保留了這些進食行為。

貓咪被人類圈養後，雖然對於不同的生活方式大多能適應良好，但也有些貓咪會因為對室內生活適應不良，而引發一些行為問題。

▲ **野貓是否狩獵成功，決定了一天的進食餐數**

貓咪最常見的餵食方式是任食制和定量多餐餵食，這兩種餵食方式各有優缺點，並且有許多因素都會影響餵食方式，例如多貓飼養家庭、飲食種類、貓咪身體狀況以及家長生活模式等。在傷腦筋要如何選擇餵食方式之前，不如先了解每種餵食方式的優缺點，再以貓咪和家長本身狀況來挑選。

1.
任食制（自由進食）

任食制是不限制貓咪每天的進食量，讓他們在任何時間內都可以吃到食物。對貓咪和家長來說或許是最方便的餵食方式，對於能量需求高的懷孕和哺乳母貓，任食制也許是較理想的餵食方式。

♦ 優點

- 貓咪隨時想吃就吃，比較貼近野外貓咪的進食行為模式；對於胃容量小的貓咪來說，也比較不會有過食的問題。
- 對於挑食、吃東西很慢又吃得較少的貓咪來說，任食制是適合的方式。因為他們大多是少量多餐進食，如果一天只吃 2 ～ 3 餐，無法得到足夠的食物量和熱量。
- 在多貓飼養的家庭，任食制可以確保家中地位較低的貓咪有機會吃到飯。因為大部分任食制的餵食都會將食碗盛滿食物，或是多放幾個碗，讓食碗不至於空到沒得吃。

◀ 有些貓咪食量較小

♦ **缺點**

- 多貓飼養的家庭無法確認每隻貓咪進食情形，如果有貓咪進食量變少，比較不容易觀察到。
- 任食制容易攝取過多熱量，增加肥胖形成機會。
- 食物長時間暴露在空氣下，容易變得不新鮮，有些貓咪覺得食物不新鮮就會不想吃。此外，濕食也不能長時間放置在室溫下，容易變質和滋生細菌。

▲ **食物（尤其濕食）放置過久易長蟲及滋生細菌**

2.
定量多餐

定量多餐餵食，是將貓咪一日進食總量分成 3 ～ 6 餐給予，有助於減少貓咪飢餓和討食，並增加代謝率。不過，也有些家庭因為工作的關係無法餵食這麼多餐，因此餵食貓咪的餐數會減少到 2 ～ 3 餐 / 天。

♦ **優點**

- 比較能仔細監控貓咪每日進食狀況，如果有貓咪食慾變差，容易在第一時間發現。
- 貓咪不容易過度進食，降低肥胖形成機會。
- 幼貓需要頻繁給食物，少量多餐可以減少攝取不足的問題。
- 某些需吃藥的貓咪（要空腹服用），餵食時間較好掌控。

♦ **缺點**

- 如果餐數過少（如 2 餐），容易過度飢餓而狼吞虎嚥，會增加嘔吐發生的機會。
- 多貓家庭如果餵食餐數過少，餵食時容易因飢餓造成貓咪之間產生衝突（如打架）或壓力（如護食）。
- 多貓家庭可能無法滿足每隻貓咪的飲食需求，貪吃的貓咪很快把自己的吃完，再跑去吃其它貓咪的食物；而進食量少的貓咪會選擇離開，不再繼續進食。

▲ **有些貓咪可能過度進食**

每隻貓咪對於食物的喜好不同，進食狀況也不一樣，如何讓貓咪不會過度飢餓，每天都能攝取足夠的熱量；不會因為過度進食造成健康問題；或是不讓貓咪因餵食而產生壓力或行為問題，這些都是我們需要好好去思考的地方。

▲ 還沒等到主人放飯的飢餓貓咪

Q & A

Q、為什麼定量多餐的餵食方式比較適合貓咪？

A、為了適應食肉特性，貓咪的身體演化成胃容量比較小、腸道長度比較短，以及腸道內細菌數量多等等，這些特性都讓他們能在短時間內快速消化和吸收少量的食物，減少食物停留在消化道而腐壞的機會。

目前貓咪的飲食有乾食和濕食，不論是哪種類型的食物，都可以用定量多餐的進食方式給予。此外，定量多餐的進食方式與一天只給 1 ～ 2 餐的方式，前者不容易讓貓咪因空腹時間太長而引發嘔吐。

ⓘ人ⓘ✦

食物的選擇

我們常因飲食種類選擇多，而煩惱不知道今天要吃什麼好？不只人類，貓咪的飲食在這幾年也不斷改變，從一開始在戶外抓小型獵物維生，或是吃人類的剩菜剩飯，到現在種類繁多的乾食和濕食……對於貓咪來說，什麼種類的飲食最適合他們呢？

就像每位爸媽都想為自己的孩子挑選最適合的飲食，貓咪的家長也是如此。不管是選擇哪一種類型的食物，都要根據貓咪年齡、活動和健康狀況，以及需要的營養素而定。在思考要給貓咪什麼樣的飲食前，可先考慮下列幾個因素：

- ✓ 這種飲食是否提供均衡營養物質，滿足貓咪的生活需求？
- ✓ 這種飲食是否能提供足夠的熱量，將貓咪的體重、體態維持在理想狀態？
- ✓ 這種飲食貓咪是否願意接受？
- ✓ 這種飲食是否適合長期提供給貓咪，方便取得或是保存？
- ✓ 這種飲食是否能維持貓咪的健康、胃腸道和皮膚等功能？

除了上述考量因素外，還有家長本身的因素（如可以準備食物的時間、照顧方式等）以及環境因素（如家中動物的數量和種類）的影響。此外，貓咪本身的因素也容易造成選擇食物的困擾，包括貓咪對食物的喜好，以及本身是否挑食等。

說到這裡，想必很多家長都會心有戚戚焉！大家都想給貓咪最好的飲食，但偏偏他們常常都是聞了一下、做完「掩埋動作」後掉頭就走，留下一臉錯愕的家長，不知該怎麼辦才好。所以，選擇食物也必須考慮到貓咪的意願！

ⓄⓀⓄ✦

餵濕食好？還是餵乾食好？

除了食物的營養成分（如蛋白質等）是大家在意的問題外，食物中的含水量也是大家關心的問題。餵濕食或餵乾食各有各的優點和缺點，也應該「因貓而異」，依據每隻貓咪的身體狀況、對食物的接受度，和每個家庭的狀態來選擇較適合的飲食。

a. 濕食

- 濕食（如罐頭）含水量較高（約 70% 以上），可以增加喝水量，減少泌尿道疾病發生。
- 濕食除了含水量高、稀釋了食物中的能量密度，還可以增加飽足感，減少熱量攝取，有助於預防肥胖。
- 濕食成分中的蛋白質和脂肪含量較高，適口性比較好。除此之外，碳水化合物低，趨近於野外生活的貓咪所狩獵食物的營養物質比例，但這不代表每隻貓咪都一定適合高蛋白或高脂肪的飲食。
- 濕食無法長時間放在室溫下，容易滋生細菌，造成貓咪生病，因此濕食較適合能在短時間內吃完的貓咪，或以定量多餐方式給予。

◀ 大部分貓咪可能較偏好濕食

b. **乾食**

- 乾食較不易有腐壞問題，可以放置在室溫下的時間比較長。
- 適合任食方式給予，讓貓咪隨時都有食物可以吃，較偏向野生貓咪的進食模式。
- 乾食可以使用慢食碗或自動餵食器給予，減少貓咪進食過快或過食的問題。
- 乾食的含水量較低（約 10% 以下），須留意貓咪喝水量是否足夠。
- 乾食任食給予容易造成過度進食而導致肥胖，因此，每天的給予量最好能固定總量、分次給予為佳。

▲ **祖先的飲食習慣影響了現代家貓對食物的喜好及營養需求**

Q & A

Q、吃濕食或乾食哪個比較容易胖？

A、以前常聽到家長說：「我們家貓咪太愛吃罐頭了，所以都瘦不下來！」現在則常聽到：「貓咪太愛吃乾乾，所以一直都很胖，瘦不下來！」到底愛吃罐頭容易胖？還是愛吃乾食容易胖？如果兩種食物在同樣重量、未去除水分的情況下，乾食含有的熱量通常都會比濕食高。

除了食物中所含的熱量之外，別忘了還有水分含量。乾食的水分含量約為 10%，濕食水分含量約為 70% 以上，水分讓濕食體積較大，相對會讓貓咪容易有飽足感；而乾食體積較小，容易多吃，造成過食問題，因此吃乾食相對容易變胖。但是，以上分析也不代表吃濕食就一定不會胖，還是要看食物中營養物質的比例、貓咪的進食總量以及活動量等而定。

▲ 乾食的「能量密度」比濕食高出許多

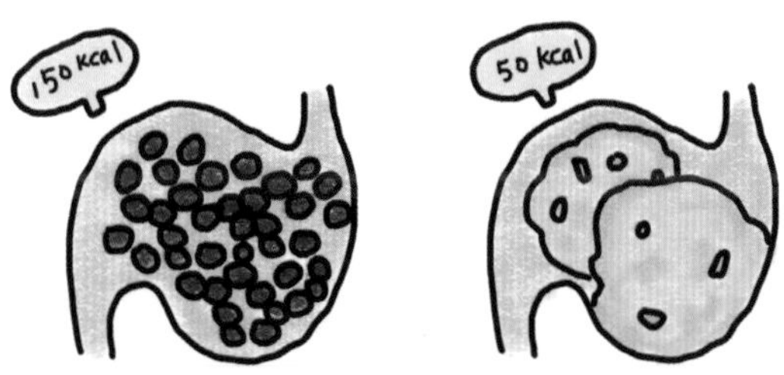

▲ 把胃填滿的狀況下，乾食會攝入較多熱量

點心和零食

給予貓咪點心和零食，能增進家長和貓咪間的情感交流。不過，給予點心或零食時要特別留意，建議不要超過每天進食總熱量的10%，因為，攝取過多的點心或零食不只會造成營養不均衡，甚至有可能造成貓咪挑食或肥胖問題。因此，必須要限制這些點心和零食每天的給予量。

▲ 給予過多零食可能導致挑食或營養不均衡

ⓘ人ⓘ✦

遊戲與進食

除了進食方式和食物種類外，狩獵行為在貓咪的進食行為中，是很重要的一環！對貓咪而言，狩獵是本能行為，不只是因為肚子餓了。在野外，貓咪會花費很多體力及注意力在狩獵上，享用完美味的獵物後，藉由整理身體毛髮讓自己放鬆，接著就會休息、睡眠來恢復消耗的體力。

上述的狩獵行為模式，在家貓身上也一樣存在，但我們常會認為貓咪生活在室內，衣食無缺，也不需要像狗狗一樣出門去散步，自然就忽略了貓咪的生活中還是需要有狩獵行為的存在。

某些活動力旺盛的室內貓咪，如果缺少了狩獵行為，可能會造成行為異常（如焦慮）或疾病發生。此外，沒有狩獵行為的室內生活，可能會讓貓咪太過無聊，導致過度進食的問題發生。因此，當活動量和能量消耗減少，再加上熱量攝取過多，就容易造成貓咪肥胖。

不是只有貓咪走進了人類的生活，人類也同樣進入了貓咪的生活。在貓咪豐富了我們生活的同時，我們是不是也該重視他們的生活需求呢？

▲ 貓咪玩耍也可增加運動量，引起食慾並避免肥胖

▲ 多陪貓咪玩可以滿足狩獵的需求

也許可以利用貓咪的獵人天性，將食物藏在不同的地方讓他們去尋找；或者是利用遊戲行為（如逗貓棒）來取代狩獵行為；或嘗試豐富貓咪的生活空間（例如增加垂直空間或觀景台），這些除了可以增加貓咪體力的消耗，也能增進人類與貓咪之間的互動關係。

以上的建議，都能增加貓咪進食的樂趣與進食量。每日 10 ～ 15 分鐘的遊戲時間，對人類而言也許只是短暫的休息時間，對貓咪而言卻是開心的狩獵時光。

飼養貓咪就像養育小孩，每一個家長都想給自己小孩最好的，但是每一隻貓咪的身體狀況及營養需求都不盡相同，不管給予什麼食物或用什麼方式給予，都取決於貓咪本身需求與每個家庭的生活方式及條件能力。

沒有哪種飲食方式一定好或不好、對或不對，只有「適不適合」家長與貓咪，能夠維持貓咪生長及身體健康的飲食才是最重要的！此外，定期與醫師討論貓咪的健康和飲食狀況並適度調整，才不會提供不適當的飲食給貓咪。

chapter .2.

不同生長階段 貓咪的營養需求

＊本書以「他」字取代「牠」，代表貓咪在我們眼中是最親愛的家人，是家中的一分子。

幼貓從母貓肚子裡生出來後，就必須開始自主進食。剛出生時，經由母乳中得到成長時需要的營養物質；斷奶後，則必須從固體食物中獲得能滿足身體營養和能量的需求，以維持健康。

因此，不管是哪個生命階段的貓咪，為他們提供足夠且適當的飲食是家長最重要的工作，每個生命階段的代謝需求都不太一樣，所以在幫貓咪選擇食物時，要能了解各個生命階段的需求，根據身體狀況提供適合的飲食，才能讓貓咪得到完整且均衡的營養，並健康生長。

▲ **貓咪的生長階段**

2-1
幼年期階段

貓咪的幼年期，好比是剛出生的嬰兒到開始會走路的兒童，這個階段的幼貓是最需要密切看護的時期，因為各方面都還在不穩定的狀態下，為了要適應環境變化，一不小心可能就會造成疾病的發生或是死亡，因此需要特別留意。貓咪的幼年期大致上可以分成兩個階段，第一階段是需要喝母奶的「新生期幼貓」，而第二階段則是「斷奶期幼貓」。

新生期幼貓

新生期幼貓（Neonates）是指剛出生到出生後 4 週齡的幼貓。這時期的幼貓在有母貓餵養的情況下，大部分都可以穩定健康的成長；但如果幼貓因為生病而無法自己喝奶，或是與母貓分離的孤兒幼貓（Orphaned kittens），就需要靠人工餵奶和照護，才能獲得足夠且適當的營養。

有母貓餵養的幼貓與孤兒幼貓

對新生期幼貓重要的時期是在出生後到 2 週齡時，其中以出生後 1 週內最為重要。這是因為新生期幼貓的身體結構尚未發育完全，身體脂肪含量也偏低，是最需要母貓照顧才能生存的時期。

母貓會顧幼貓到斷奶，並在斷奶期間教導幼貓學習吃固體食物和狩獵；沒有母貓照顧的孤兒幼貓，需要人工餵養及照護，直至幼貓成熟到可以自己開始獨立生活為止。若剛好有正在哺乳幼貓的母貓，也可以嘗試讓哺乳中母貓代養孤兒幼貓。

如果沒有其它母貓可以代養，一般可以用貓用奶瓶來

人工餵食。不過，有些孤兒幼貓才剛離開母貓，對於奶瓶的奶頭會非常排斥，畢竟母貓的奶頭較小，也比較柔軟，而奶瓶的奶頭則是粗又硬，所以幼貓需要時間去適應。

餵幼貓喝奶需要極大的耐性和細心，千萬不能操之過急，當幼貓習慣奶瓶的奶頭後，餵食就會比較順利。非常虛弱、不吃的幼貓，可能需要用餵食管來給予專用奶，才可以提供更多營養給幼貓，但必須要由醫生來操作，否則容易造成幼貓吸入性肺炎，並導致死亡。

人工餵食的幼貓，必須留意食物的給予量和給予頻率，過多或過少都不好，適當餵食對幼貓的健康和成長非常重要！幼貓每天都要能攝取到足夠的熱量，才不會出現低血糖、低體溫，甚至休克等嚴重的結果。

初乳與母乳大不同？

有母貓親自帶的幼貓，大多能夠喝到初乳，初乳（Colostrum）對於新生期幼貓非常重要。那什麼是初乳呢？初乳是指母貓在幼貓出生後 24 小時內所分泌的乳汁，其內含有高量的抗體（如免疫球蛋白），並會在分娩後 8 小時達到最高量，之後抗體量會漸漸降低。24 小時後，母貓就會開始分泌一般的母乳。

▲ 初乳是母貓生產後 24 小時內分泌的乳汁

剛出生的幼貓喝到初乳後，身體會在 12 至 16 小時內吸收初乳中的抗體，這些抗體可以提供身體保護作用，減少幼貓在出生後幾週內被病原菌感染的機會。初乳中除了抗體外，還有許多營養物質對新生幼貓也很重要，像是大量的蛋白質、熱量和促進胃腸道發育的生長因子等，這些營養物質和熱量幾乎都能被幼貓消化和吸收。

▲ **初乳有較高的免疫球蛋白，是提供幼貓保護重要的來源**

初乳除了可以增強幼貓的免疫保護和提供營養物質外，初乳中的水分對於防止幼貓脫水也非常重要。如果幼貓出生後沒有攝取足夠的乳汁水分，容易導致脫水，甚至會引起循環衰竭的問題，因此幼貓得不斷攝取母貓的乳汁，才能得到足夠的能量和水分，以維持正常的生長需求。

犬貓專用奶粉和牛奶，哪種較適合幼貓？

大部分的家長剛接觸到未離乳的幼貓時，都會先以牛奶或羊奶餵食幼貓，「以牛奶餵食幼貓」這個刻板印象已深植人心，但其實是不適合幼貓的。和犬貓專用奶（Milk replacer）相比，牛奶的蛋白質、脂肪、鈣或熱量含量相對較低，而乳糖比例較高，因此許多牛乳或羊乳粉都不能滿足成長中幼貓的需求，還有可能造成腸胃道不適。

由此可知，就算給予同樣的熱量，餵食牛乳的幼貓體重增加速度還是會比餵食專用奶的幼貓更緩慢，這是因為牛乳中含有的營養物質（如蛋白質、脂肪等）相對較低的關係。因此，還是盡量避免使用牛乳，以犬貓專用奶粉餵食幼貓比較適當。

目前的貓咪專用奶能提供的熱量和母貓乳汁是差不多的。母乳所含的熱量大約為 0.85 ～ 1.6 kcal/ml，而專用奶的熱量大約為 0.79 ～ 1.1 kcal/ml。不過，專用奶的稀釋比例會影響每毫升含有的熱量，所以一般專用奶的沖泡比例，以奶粉與水是 1：2 為適當。

▲ 照顧孤兒奶貓，最好使用代奶粉，並以奶粉：水爲 1：2 的比例沖泡

理想的專用奶比例還是以每個商品標示為主。專用奶的稀釋比例不僅會影響每毫升中含有的熱量，過於濃稠容易導致幼貓嘔吐和腹脹；泡得太稀則會降低每毫升中含有的熱量，反而需要餵食更多的量，才能讓幼貓獲得足夠營養，甚至有時可能會造成幼貓拉肚子。

所以，並不是只有成分會影響幼貓的消化吸收，專用奶的調配比例也很重要，這些都是幼貓餵食上需要留意的事情。

餵食幼貓專用奶時，除了成分和調配比例上要留意，操作過程也需要留意下列幾點：

- 餵食幼貓前，要先清潔雙手和確實清洗消毒餵食的器具（如奶瓶），減少可能的病原菌殘留。
- 幼貓一餐會喝的專用奶量很少，為了方便給予，可以先將一天能吃的專用奶總量調配好，並冷藏備用。每次要餵幼貓喝奶時，取出一次可以喝完的量回溫就好。
- 每次取出的專用奶如果沒有喝完，建議直接丟棄，不要再放回冰箱冷藏，以免造成專用奶變質、敗壞。
- 配好的專用奶在室溫下盡量不要超過半個小時。

幼貓要餵多少量？一天要餵幾次？

很多新手家長對於狀況不佳、需要以針筒灌食的幼貓，應該會有很多的疑問，當貓咪不願意自己進食時，到底每天要給多少才吃得夠？幼貓的胃容量、體重和自己進食的意願，都是影響進食量的決定因素。

a. 餵食的頻率

餵食頻率要考量幼貓的年齡、每餐能吃的量和食物含有的熱量等因素。一般而言，2 至 3 週齡以下的幼貓，餵食頻率為每 2 至 3 小時餵食一次 / 天；當幼貓到了 4 週齡，可以將餵食間隔拉長，約 4 至 6 小時餵食一次 / 天。不過幼貓跟小 baby 一樣，肚子餓的時候會哭叫，喝奶後就會安靜下來，所以也能根據幼貓肚子餓時的哭叫狀況，來調整餵食頻率。

b. 餵食的量

出生後幾週內的幼貓，因為胃容量很小，所以限制了食物攝取量，如果一次喝太多奶可能會引發嘔吐。出生 1 至 2 週齡的幼貓，每次胃能處理的餵食量大約是 1 ～ 5ml/100g 體重，3 至 4 週齡時可以增加到 13 ～

22ml/100g 體重。不過每隻幼貓喝奶和生長狀況不同，要根據體重變化與喝奶狀況調整並慢慢增加。

不會自己主動進食的幼貓，餵食時要留意不要嗆到奶，以免變成吸入性肺炎。用奶瓶餵食的幼貓，大部分在喝飽時會將頭撇開，甚至用手將奶瓶推開。此外，也可以記錄幼貓每次喝的量，方便確認有沒有達到每日需要的進食量，或是喝的量有沒有持續增加。

能量和水分的需求量

隨著年齡增長和體重增加，幼貓對於熱量的需求也會隨之增加，進食量自然就要跟著增加。出生後至 1 個月大的幼貓，能量需求約為 15 ～ 25 kcal/100g 體重；而每天需要的水分大約為 13 ～ 22ml/100g 體重，所以，照顧孤兒幼貓時，還要留意水分的提供是否足夠。不過，這些數值只是建議參考值，不是非要達到才可以，還是要根據貓咪的狀況做增加或減少的調整。

▲ 幼貓每 100g 體重所需的熱量
爲 15 ～ 25kcal ／天

幼貓的餵食狀況必須時常根據成長狀況調整，而非一直維持同樣的飲食和餵食量。藉由每日觀察並記錄健康情形、外觀和體重、自願進食量，不斷重新評估及調整，才能讓幼貓健康成長，並減少疾病發生。

還沒離乳的幼貓為何需要頻繁餵食？

成年貓咪可以將多餘的葡萄糖轉變成肝醣儲存起來，作為需要能量時的備用；但剛出生的幼貓身體尚未發育成熟，需要幾個月之後，肝臟才能發展出儲存肝醣的能力。所以，在缺乏儲存肝醣能力的情況下，如果幼貓吃得太少或不吃，就很容易造成低血糖，甚至休克和死亡。

再加上 1 個月齡以下的幼貓胃容量小，胃腸道蠕動較差，必須少量多餐餵食，才能減少胃腸道脹氣、食物逆流和吸入性肺炎的危險。

為何需要每天幫幼貓秤體重？

每天幫幼貓秤體重，可以了解幼貓的成長狀況，要正常進食、消化和吸收，才能讓幼貓體重持續增加。

正常幼貓出生的體重平均約為 90 ～ 110g，健康幼貓如果每天能喝到足夠的奶水，每天體重會增加約 10 ～ 15g；約 2 週齡時，體重會是出生時的兩倍左右，而斷奶期（約 2 個月大）的體重則會增加到約 500g 以上。雖然人工餵食的幼貓生長速度比較慢，但出生後至 3 週齡時期的體重變化也一樣很重要，每日體重至少要增加 10g 比較理想！

不過，這些數值都是供參考用，還有其它因素也會影響幼年貓咪的體重。但如果幼貓每天的體重減輕超過 10% 會增加死亡機率，因此當幼貓體重減輕時，可以試著增加餵食次數，以增加每日熱量攝取。

雖然有母貓哺乳的幼貓，生長速度會明顯比人工餵養的幼貓快，但在斷奶後給予相同飲食的情況下，人工餵養幼貓的體重會慢慢增加到和母貓哺乳幼貓差不多。

因此，幼貓不會因為生長條件不同而造成日後生長狀況差。

保溫對幼貓的重要性

新生幼貓在生長過程中，除了要留意營養攝取，環境溫度也會影響幼貓的進食情況。剛出生的幼貓**無法調節自己的體溫**，要到 4 週齡才具有調節體溫的能力，因此這個階段的幼貓必須依靠母貓或同窩幼貓的體溫來維持自己的體溫。

幼貓體溫過低時會降低活動力，甚至會降低去吸吮母乳或是奶瓶的慾望。因此，在幼貓出生後 1 週，將室溫維持在 28 ～ 32℃左右是較適合的生活溫度，之後幾週可以將溫度逐漸降低到 24℃～ 26℃。除了室內溫度外，餵食專用奶的溫度也很重要！和人類的小 baby 一樣，在餵奶前要先將專用奶加溫至 35 ～ 38℃；餵食前可以在手背上測試專用奶的溫度，以確定溫度比皮膚溫度略高（不燙手）。

餵食的專用奶如果太冷，容易造成幼貓嘔吐、降低胃腸道蠕動而抑制營養吸收，也容易造成胃腸道阻塞、降低幼貓體溫，嚴重甚至會造成幼貓死亡。相反的，餵食過熱的專用奶會造成幼貓口腔、食道和胃部灼傷，因此每次餵食前，都要小心留意餵食專用奶的溫度。

▲ 幼年期小貓照顧要點

◍人◍✦

離乳期幼貓

離乳期（Weaning）是指約 4 至 9 週齡的幼貓，飲食從喝母乳轉變為吃固體食物的過程，也稱為斷奶期，在斷奶期間，幼貓會逐漸從依賴母貓的照顧到自己獨立生活。有母貓照顧的幼貓，斷奶的過程完全由母貓教導；但如果是孤兒幼貓，就必須由餵養的家長來教他們了。

幫孤兒幼貓斷奶，需要特別留意斷奶的時間和食物的選擇，因為斷奶對幼貓而言是很大的壓力，如果沒有經過轉換期就馬上換成幼貓食物，有些幼貓容易發生拒吃或是胃腸道問題。幼貓的胃腸道除了要重新適應新的營養物質成分，胃腸道菌群也會因為食物不同而改變。所以，如果太快就給幼貓吃固體食物，加上喝水量又不足，容易造成拉肚子或是便祕。

什麼時候該幫幼貓斷奶呢？

斷奶的時間點對幼貓而言是重要的，太早讓幼貓斷奶，容易產生壓力相關疾病、營養不良、社交能力下降等行為問題。因此，當幼貓開始長牙，吸吮母貓的乳頭時會讓母貓感覺疼痛，加上幼貓也會開始想去吃母貓的食物；而孤兒幼貓則是會開始咀嚼奶瓶的奶頭，甚至會咬破奶頭，這時就是斷奶的時機了！

幼貓斷奶一般分成兩個階段，第一個階段是在幼貓 4 至 6 週齡，這時候可以開始做斷奶的準備；第二個階段是在 7 至 9 週齡，幼貓會在這個階段完全斷奶並吃固體食物。

在第一階段的斷奶期，由母貓照顧的幼貓主要熱量來源是母乳，只有約 30%是來自於半固體的粥狀食物；如果是孤兒幼貓，則是以專用奶為主，加上少量粥狀食物較為理想。當幼貓開始適應半固體飲食後，再慢慢改成固體食物，並提供充足的飲水。

當幼貓進入第二階段的斷奶期，他們會由半固體食物中獲得營養和熱量，隨著幼貓吃固體食物的量增加，母貓乳汁的產量和乳汁中含有的營養物質會開始減少。當幼貓 8 至 9 週齡時就會完全斷奶了，此時需要的熱量就要由飲食中獲得，斷奶後熱量需求大約是 200 ～ 220 kcal / kg 體重 / 天，可以根據需求來計算幼貓的固體食物大約該給多少。

什麼質地的離乳食品適合幼貓？

雖然 4 至 6 週齡的幼貓已經長牙了，但還是不太會咬硬的食物，有些吃乾食容易噎到，建議可以先給予濕軟的食物較適當。市售的離乳罐頭、肉泥罐，或是幼貓乾飼料加水泡軟，都很適合讓他們學習著吃固體食物。給予幼貓離乳食物時，可以使用淺盤盛裝，方便貓咪進食。

為了增加貓咪進食的意願，剛開始離乳時，可在離乳罐頭加溫水或專用奶，罐頭和水或專用奶的比例為 2：1，配製成糊狀；如果是幼貓乾食，則乾食與溫水或專用奶以 1：3 混合，調成粥狀。

這些粥狀食物對刺激幼貓食慾有幫助。如果幼貓在 20 ～ 30 分鐘後沒吃完就要收走，以防止食物中的細菌生長。盡量不要使用牛奶來泡乾食，因為牛奶的乳糖含量高，容易造成幼貓拉肚子。

此外，餵食這些粥狀食物後，要常幫幼貓清潔嘴巴周圍，保持乾淨；因為幼貓剛學習吃粥狀食物時，仍會用吸吮方式進食，常會造成嘴巴周圍掉毛和毛囊炎的發生。

剛開始斷奶的幼貓雖然可以從專用奶裡補充水分，但還是要隨時提供新鮮的飲水。此外，必須再次提醒，剛開始斷奶的幼貓，進食和喝水時容易嗆到，要特別留意喔！

跟其它階段的貓咪相比，照顧孤兒幼貓需要更加謹慎和小心。營養、溫度、餵食的方式和頻率都會影響幼貓生長狀況，一個不留意就有可能造成幼貓生病，甚至死亡。

因此，詳細記錄幼貓的生長、進食、排泄狀態，都有助於家長在餵養時了解營養物質是否足夠？需不需要調整？甚至在貓咪生病時，這些資料也可以讓醫生更快了解狀況，幫貓咪治療或調整飲食狀況。

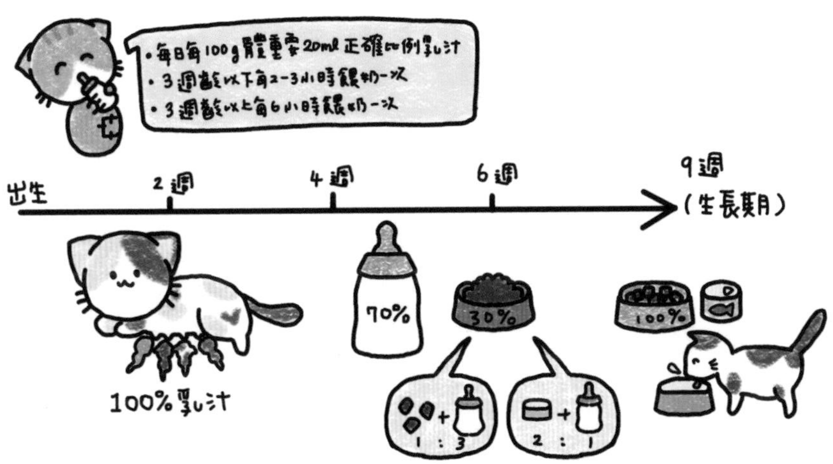

▲ **出生至 9 週齡（幼年期）小貓的飲食需求建議（依狀況調整）**

2-2 成長期階段

成長期幼貓（Grow period）是指斷奶後到 12 月齡大的貓咪，這個時期的貓咪已經會自己吃固體食物（如乾食）。如同青春期的小孩，成長期幼貓對每件事都很好奇，活動力又旺盛，他們每天的熱量需求通常都會特別高，需要留意每天給予的食物量。

以前常會遇到很多新手家長帶著骨瘦如柴的成長期幼貓來就診，貓咪看起來精神都不太好。詢問家長為何貓咪這麼瘦？得到的回答都是「吃少少，才不會長得太大隻啊」，不然就是「有經驗的飼養人員告知，成長期幼貓每天只能給固定少量的食物」。

面對這些不正確的觀念，每次都只能搖頭嘆氣。人類的小孩生長時，每位家長都巴不得小孩多吃一些，才能健康強壯的長大，那為什麼貓咪就不一樣呢？生長階段的幼貓跟小孩一樣，營養需求變化大，需要經常根據體重或身體狀況來調整進食量，才不會造成吃得過少和營養不均衡的狀況發生。

體型的差異也會影響營養的需求，但不同品種貓咪的體型差異相較於狗狗較小，加上貓咪生長速度慢，因此體型在貓咪成長營養需求上的變化相對不明顯。如何讓貓咪生長狀態良好、減少疾病發生，並達到最佳健康狀態，是此階段的營養目標。

成長期幼貓所需的營養素

成長期幼貓所需的營養素

成長期的幼貓需要較高熱量才能滿足生長、體溫調節和維持身體的需求。因此，當生長中貓咪攝取的熱量、蛋白質、必需脂肪酸，以及某些維生素和礦物質不足時，可能會降低免疫系統的防禦功能，造成生長遲緩和疾病的形成。

▲ **成長期幼年貓所需營養素**

1. 蛋白質

貓咪對蛋白質的需求量很高，而成長期幼貓的蛋白質需求會比成年貓咪多約 10%。因此，成長期幼貓的飲食蛋白質含量不建議低於 30%DM，並且裡面至少要有 19% 的蛋白質是來自動物性蛋白質，這樣才能確保攝取到足夠的必需胺基酸，以維持貓咪生長和身體組織更新的蛋白質需求量。

2. 脂肪

飲食中的脂肪能為生長中的貓提供能量和必需胺基酸，

以及幫助脂溶性維生素的吸收。幼年貓咪可以接受脂肪含量高的飲食，並且高脂肪飲食可以讓貓咪得到較多的能量，使生長達到最佳狀態。

脂肪中提供的必需脂肪酸（如 Omega-3 和 Omega-6 脂肪酸），是所有階段的貓咪都需要的營養物質，特別是生長中的貓咪。其中 Omega-3 脂肪酸是成長期幼貓神經、視網膜和聽覺正常發育不可或缺的重要營養物質。

3. 碳水化合物

在 1-4（請參考 P.063）中有提到，成長期幼貓對蛋白質的需求量很大，對碳水化合物的需求量較低；雖然對碳水化合物的需求量不高，但是碳水化合物在能量的提供上及腸道內細菌群的健康，仍是不可少的營養物質。不過，在給予貓咪高量的碳水化合物飲食時，有可能會造成消化不良而導致下痢，因此，需要留意飲食中碳水化合物的比例。

4. 維生素和礦物質

部分的維生素和礦物質具有抗氧化作用，包括維生素 E、β-胡蘿蔔素、葉黃素、維生素 C 等。這些飲食中天然的抗氧化劑有助於增強幼年貓咪免疫系統的反應。

2.2

成長期幼貓的生長狀態評估

很多家長在照顧幼年貓咪時，常會不知道貓咪的體重要增加多少才適當。一般在 6 個月齡之前的幼年貓咪，每週體重會增加大約 100g；當貓咪 6 至 10 個月大時，每個月大約會增加 500g；到了 8 至 12 個月大則會達到成年貓咪的體重。

不過，這些數據也只能當參考值，因為每隻貓咪的品種、生長和進食狀況不同，體重增加也會有差異；而性別不同也是影響因素之一，像是公貓的體型和體重平均都比母貓來得大且重。

所以，如果不確定貓咪的生長狀況是否正常，可以帶到醫院請醫生幫貓咪詳細評估身體狀況。如果貓咪體重或肌肉量增加不夠，也可以與醫生討論如何調整飲食狀況，讓成長期幼貓能正常生長和增加體重。

▲ 幼貓增重評估參考

ⓓ人ⓓ✦

為何需要經常調整成長期幼貓的進食量？

成長階段的幼貓，除了熱量需求比成年期高之外，熱量需求也不斷在改變。舉例來說，斷奶期的小貓飲食熱量需求是成貓的 3 至 4 倍；5 個月齡幼貓的熱量需求是成貓的 1.75 至 2.0 倍；而 7 至 8 月齡的幼貓，熱量需求大約只有成貓的 1.25 至 1.5 倍。

由此可知，必須隨時根據貓咪的體重、體態跟生長狀況來調整他們的飲食，而不是從頭到尾都是同樣的飲食或進食量。此外，貓咪的活動量有可能會隨著年齡增長而逐漸減少，尤其是在絕育後；但不是每隻貓咪都如此，因此也需要根據貓咪活動量來調整食物的攝取量。

如果不知道貓咪的飲食該怎麼調整，可以在定期回診時請醫生幫忙計算及調整體重增加後的需求量，或是根據市售飲食包裝袋上的建議量給予，但後者的方式會因家長對於體重及體態的看法不同而有差異。不論是營養、熱量需求，以及每天的進食量都要足夠，才能讓貓咪穩定成長。

▲ **熱量需求除體重之外，也要依成長時期調整**

ⓘ人ⓘ✦

成長期貓咪也會有肥胖的問題？

「小時侯胖不是胖」這句話很常聽到，但真的是這樣嗎？小時侯肥胖有可能會影響成年後的肥胖！

在貓咪生長階段的脂肪細胞形成越多，就越容易增加成年期肥胖形成的機會，所以不要小看這些脂肪細胞，它們會影響貓咪成年後肥胖的問題。

很多幼貓常狼吞虎嚥吃很多，尤其是多貓飼養的家庭，沒辦法管理和限制貓咪的進食量，這容易造成貓咪的過食，導致大量脂肪儲存在脂肪細胞裡。

此外，貓咪的胃內容量很小，過度進食也容易造成嘔吐及消化不良，所以，生長中幼貓以少量多餐的定量方式給予，可以減少過度進食並減少嘔吐和肥胖發生的機率。

▲ 過度進食的幼貓容易肥胖

脂肪細胞、能量攝取和肥胖之間有什麼關係？

脂肪細胞就像個倉庫，能將多餘的脂肪儲存起來。這些脂肪細胞只會在生長階段增加，成年後就會保持相對恆定的數量；在生長階段形成多少脂肪細胞，到了成年期脂肪細胞的數量就是多少。

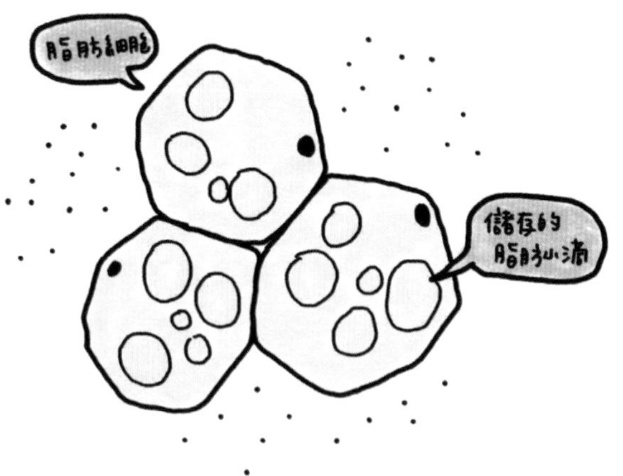

▲ **脂肪細胞主要功能是儲存脂肪**

因此，成長期貓咪如果沒有適當控制進食量（尤其是絕育後），當長時間進食過度，多餘能量就會轉變成脂肪，儲存在脂肪細胞內。這時，脂肪細胞的體積會擴張變大，但擴張到極限就不會再變大，反而開始增加脂肪細胞的數量，也就是分裂成兩個細胞，多了一個可以儲存脂肪的倉庫，最後的結果當然就變成肥胖。

當肥胖貓咪在進行減重、變瘦時，脂肪細胞的體積會變小，但數量不會因此減少。所以，在體重下降之後，如果又開始無節制的飲食，變小的脂肪細胞會很有效率的吸收脂肪，很快的就會恢復原來肥胖的體重了。

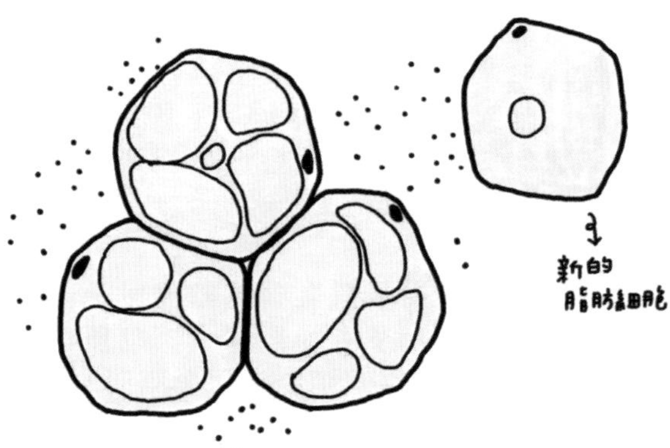

▲ 脂肪細胞儲存脂肪後體積會變大，而當儲存不了（能量過剩）時，就會分裂新的脂肪細胞來幫忙

Ⓞ人Ⓞ✦

絕育和預防
成長期貓咪的肥胖

貓咪多大時絕育比較適當？一般建議貓咪在 6 個月齡至 1 歲之間實行絕育計畫，貓咪絕育後體內荷爾蒙會發生改變，可能會導致食慾增加，能量需求和活動量則是會逐漸降低。雖然不是每隻貓咪在絕育後都會有這麼明顯的改變，但如果家長沒有注意到這些變化，持續給予同樣的飲食和熱量，會造成攝取量大於需求量，提高貓咪肥胖的機率。

除了能量需求和活動量降低之外，持續給予貓咪高熱量飲食、無限制任意給予食物或零食，以及在室內的生活環境等，也是造成貓咪肥胖的主要原因。

如何幫絕育後的貓咪做好體重管理，同時又能兼顧營養均衡和能量需求，這是家長們要面對的課題。大部分絕育貓咪可能會需要減少每日熱量攝取（約降低 10～20%），但並不是每隻貓咪在結育後一定都會變肥胖。定期幫貓咪測量體重，請醫生評估身體狀況，並適時調整餵食量，才不會導致貓咪的體重過輕或是過重。

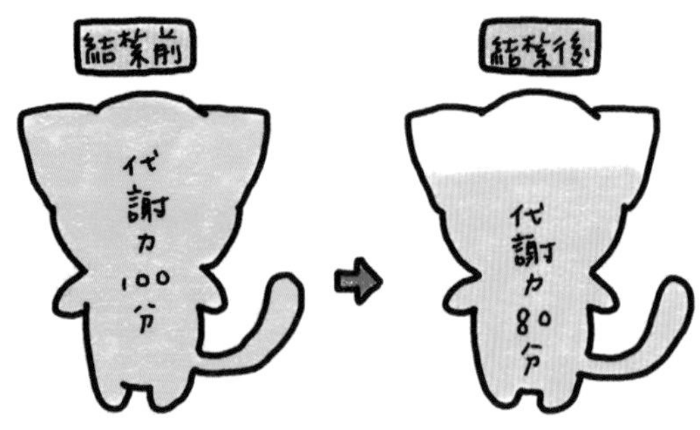

▲ 絕育之後的代謝力會下降

貓咪通常會在 8 ～ 12 個月齡時達到成年期體重，而有些大體型的貓咪（如緬因貓）是在 2 ～ 3 歲後，這時身體對於能量需求會達到最高，之後就會逐漸減少；如果貓咪在成年之前就有肥胖傾向，或許就需要選擇熱量密度較低的飲食，並控制熱量攝取。可以在這時候將幼貓飲食慢慢轉為成貓飲食，因為身體的發育成熟已發展到接近成貓狀態。

俗話說，預防勝於治療，預防肥胖形成會比減重容易得多，人類在減重時都痛苦萬分了，更何況是貓咪呢？因此，控制貓咪的體重和飲食，讓他們的身體狀況維持在理想體態（BCS 3/5 或 4 ～ 5/9），對於身體健康和預防疾病的發生是有幫助的。

QA

幼年期貓咪
一天要餵幾餐比較好？

前面提過，6 個月齡之前的貓咪需要的熱量較高，如果一天只餵 2 到 3 餐，容易因為餐與餐的間隔時間過長，導致成長期幼貓吃不夠而發生低血糖的狀況。

如果是「每日定量」，以少量多餐（如 4 ～ 6 餐）給予，比較不會讓貓咪空腹時間過久，除了降低幼貓營養不良的發生機率，也可以減少因吃太快造成的胃部擴張，甚至是嘔吐；但必須定期幫貓咪測量體重，並調整飲食攝取量。

此外，「自由採食」（任食制）在一些成長期幼貓容易造成吃過多和肥胖形成（尤其是絕育後的成長期幼貓），必須要留意。

▲ 貓咪的胃容量較小，需將一天的食物分多次進食

每日定量並少量多餐給予的優點是容易控制貓咪熱量的攝取，以及維持理想生長速度和體態；但在多貓飼養家庭會面臨貓咪相互競爭搶食，造成成長期幼貓吃不夠或過度進食的狀況發生。

因此，多貓飼養家庭在餵食上會是令人頭痛的問題。如何讓每隻貓咪都能吃到足量，又不會吃得過多，就在考驗每位家長的智慧了。不管是哪種餵食方式，都還是得看家庭成員的時間、方便性、家中貓咪數量，以及貓咪進食習慣等原因來決定。

▲ 多貓家庭要注意搶食的狀況

QA♦

成長期幼貓 不要一直吃相同的飲食比較好？

有些報告建議，在貓咪幼年時期要盡可能給予多種型態的食物，以防止將來只偏好某種型態的食物。如果貓咪只愛乾食或濕食，往後要為他們挑選食物就會變得有限制性；但也有人認為貓咪不需要太多樣的食物，因為他們不是天生挑食，而是被「訓練」出來的。

無論是否要在幼年期提供多樣化飲食給貓咪，頻繁改變飲食型態有可能導致貓咪胃腸不適（如下痢或嘔吐），這是因為胃腸道缺乏消化新飲食的消化酶所導致。

身體正常時不會無時無刻都有大量的消化酶，通常需要 5 至 7 天來調整體內的消化酶，期間可能會因為無法好好消化新食物，而出現胃腸道症狀。所以，在轉換食物上應該要慢慢增減新舊食物比例較理想。

▶ **更換食物要注意貓咪是否出現消化道症狀（如：拉肚子）**

當然，並不是每隻貓咪都會在換食後出現嘔吐或下痢症狀，這也可能跟個體差異有關。所以，幫成長期幼貓調整飲食時，以貓咪身體能接受、並且營養均衡而適當的飲食為佳。

會一直提到「最好由醫生評估幼年期貓咪的能量需求和身體狀況」，是因為幼年貓咪的營養需求較成年貓咪高，加上身體成長速度快且變化大，必須不斷根據狀況調整飲食，才能正確給予適當且均衡的營養和熱量，避免營養不良或是肥胖發生。

讓成長中的貓咪能獲得均衡的營養和適當的熱量，並能順利、健康成長，是此階段最重要的事。

2-3
成年期階段

成年期（Adult period）貓咪的營養和能量需求，相對於幼年期、懷孕泌乳期或老年期是較低的。除了給予營養均衡的飲食以滿足身體需求，更重要的是要能維持健康的體態，減少肥胖形成。

貓咪在成年期容易發生的其中一個問題就是肥胖。肥胖在貓咪 2 ～ 3 歲後發生率會明顯增加，而到了 6 ～ 10 歲則是肥胖率最高的時期（能量需求最低的時期）。很多家長都認為貓咪胖胖的比較可愛，卻忽略了肥胖造成的問題。

肥胖是一種慢性疾病，也容易衍生其它疾病（如糖尿病、關節炎和皮膚疾病）。要維持貓咪良好的體態，就必須做好飲食管理，才能降低疾病發生的機會。成年貓咪的營養建議以維持健康與良好體態為主：

- 根據貓咪的活動量和食慾，調整每日熱量攝取。
- 提供營養均衡的飲食，讓貓咪維持正常身體活動。
- 提供適口性佳的食物，讓貓咪能夠攝取足夠的飲食，達到日常營養需求。

什麼是身體狀況評分？

前面一直提到要讓貓咪維持正常體態，那麼，如何知道貓咪體態是在正常範圍內呢？在人類，會用身體質量指數（Body Mass Index; BMI）來評估體態是否過瘦或是肥胖，難道貓咪也有 BMI ？

貓咪也有身體質量指數（Feline Body Mass index；FBMI），主要是測量第九肋骨處的胸腔周長和後腳髕骨到跟骨長度來計算。測量這些長度時，貓咪必須是站立姿，相較起來身體狀況評分 (Body Condition Score; BCS) 就簡單多了，因此大部分還是用 BCS 作為主要評估方式。

BCS 主要是針對貓咪身體脂肪含量的主觀評估。經由視覺評估以及觸摸身體，來評估肋骨、腹部、腰部和尾部的身體脂肪的覆蓋量；而這些評估方式與體型大小、體重沒有太直接的關係。

當貓咪的體脂肪含量只有細微變化時，使用 BCS 評估也不一定是最好的選擇；但如果是用在平常的測量（如過胖或過瘦），BCS 是較快速且簡單的方法。BCS 一般分成五分制和九分制，3/5 或是 4/9 ～ 5/9 是較理想的體態；如果 BCS 在 1/5 或 1/9 是過瘦或惡病質 *；BCS 在 5/5 或 9/9 則是過胖。

在 BCS 評分中，只要知道了貓咪的體態分級狀況，就可以大概估計身體脂肪的含量。當 BCS 為 3/5 或 4 ～ 5/9 時，身體脂肪含量大約為 15 至 25%，這也是貓咪比較理想的體脂肪含量。

* 惡病質 (Cachexia)：
是一種與潛在疾病相關的代謝綜合症，身體因疾病導致食物攝取減少和體重減輕，導致荷爾蒙、新陳代謝異常和營養不良的結果。

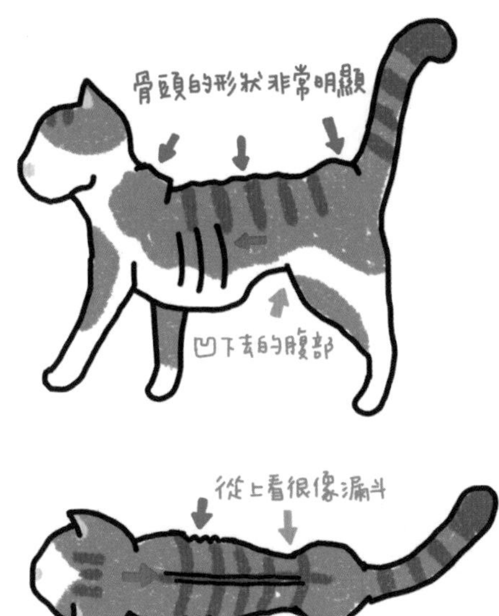

▲ 瘦弱的貓咪（BCS ＝ 1 ～ 2 / 9 或 1 / 5）
身體幾乎沒有肌肉及脂肪

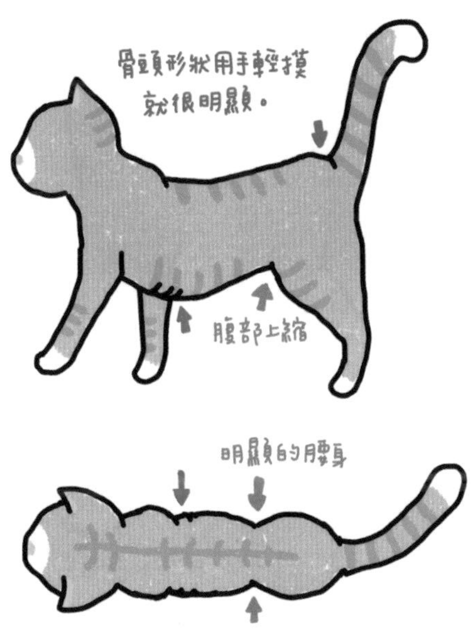

▲ 瘦的貓咪（BCS ＝ 3 / 9 或 2 / 5）
身體的脂肪少，肌肉消耗

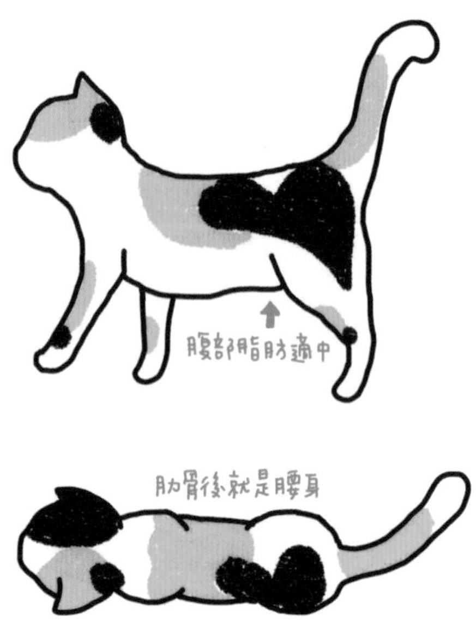

▲ 理想體態的貓咪（BCS4～5 / 9 或 3 / 5）
很容易就能摸到肋骨，且能感覺到一些脂肪覆蓋著

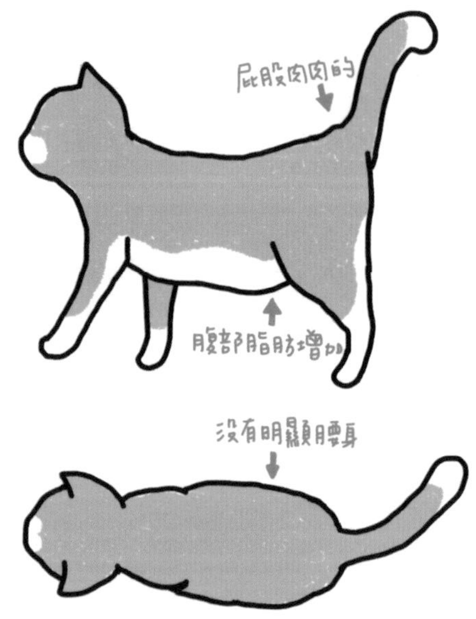

▲ 過重的貓咪（BCS 6～7 /9 或 4 / 5）
覆蓋肋骨的脂肪增加，不容易摸

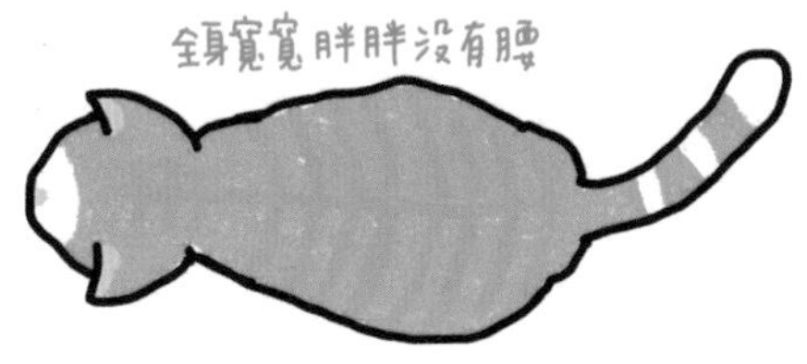

▲ **肥胖的貓咪（BCS＝8～9／9或5／5）**
全身有過量脂肪，摸不到肋骨且腹部下垂

貓咪體態分級和體脂肪

BCS 5 分級	BCS 9 分級	體脂肪%
①	①	<或＝5
②	② ③	6～9 10～14
③	④ ⑤	15～19 20～24
④	⑥ ⑦	25～29 30～34
⑤	⑧ ⑨	35～39 40～45

BCS 每增加 1 分（例如從 5/9 增加到 6/9），貓咪身體的脂肪含量就會增加約 5 至 10%，以此推算下去。也許會有人想問：貓咪的體脂肪有可能會超過 45% 嗎？答案是：會。或許比例上不多，但的確有些貓咪評估到最後 BCS 超過 5/5 或 9/9 ！

很多家長都會在家幫貓咪秤體重，如果單單只靠秤體重，無法確認貓咪目前是不是為理想狀態，因此，最好能同時搭配 BCS 去整體評估。不過，自行在家評估 BCS 時，也可能會出現誤差值，因為家長每天都能看到貓咪，對於體重緩慢增加比較沒有感覺，容易忽略體態問題；家長幫貓咪測量時，也可能因為不想面對現實而把標準放寬，把肥胖的貓咪判定為正常體態。

正因如此，貓咪的體態評分很主觀，體脂肪也很難精準測量，這些都會讓理想體態在判定上相差許多。因此，還是會建議請醫生詳細評估及討論，才能得到比較正確的身體狀況。畢竟，醫生除了評估 BCS，也會一起評估肌肉狀況評分（Muscle Condition Score；MCS），根據每隻貓咪不同的身體狀況，來制定適合的飲食及每日攝取量。如此一來，才能在貓咪年輕時做好體重管理，減少老年後因肥胖造成的疾病發生。

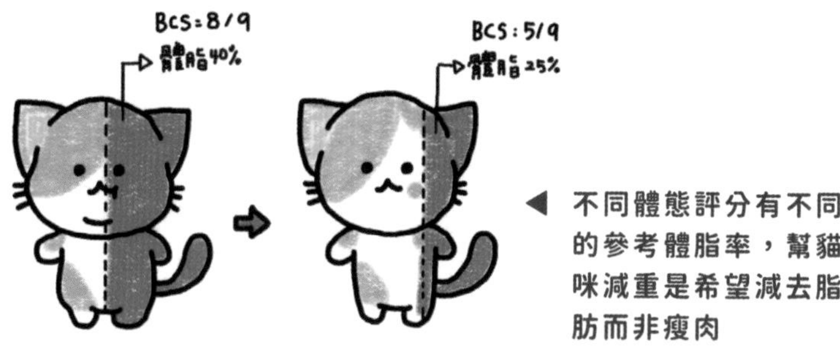

◀ 不同體態評分有不同的參考體脂率，幫貓咪減重是希望減去脂肪而非瘦肉

>> 小叮嚀 <<

了解貓咪的體脂肪比例，對於計算每日能量需求是有幫助的。P.141 的表格是每個體態分級的體脂肪比例，可以用此表格大約估算貓咪身體脂肪的含量約為多少。

貓咪一天該吃多少量才可以？

每隻貓咪的活動量、身體和進食狀況都不同，應該要根據個體需求來給予食物量。那麼貓咪一天要給多少食物量才適當？最簡單的方式，就是看食物包裝袋上每日給予量的標示。包裝袋上會標示不同公斤體重的貓咪每天要吃的食物量，或是標示食物的代謝能。

可以根據貓咪的體重來給予一天需要的量。雖然食物包裝袋上的標示，不一定是這些食物實際能提供的熱量，但至少能大概給予餵食的參考數值。但這就會有一個問題了，如果貓咪過胖卻仍照著袋上標示給予，就有可能越吃越胖！

▲ 如何計算貓咪每天該吃多少量呢？

舉例來說，貓咪的理想體重是5kg，而目前體重是6kg，如果照著袋上的6kg 建議給予食物量，有可能會讓他越吃越胖。因此，在調整貓咪每日需要的熱量和進食量之前，可以先請醫生做完詳細的身體評估，根據狀況建議適當的進食量。

▲ 不同食物有不同代謝能，依每日熱量需求計算出給予食物的量

計算貓咪一天的熱量需求

人類會為了理想體重去計算基礎代謝率與每日攝取的食物熱量，以達到控制體重的目的，在貓咪也可以。不管過瘦或是肥胖，日後都會增加疾病發生機會，因此了解貓咪每天飲食攝取狀況，並維持其健康，是家長的責任喔！

知道貓咪每天要攝取多少熱量之前，必須先知道靜止能量需求（Rest Energy Requirement；RER），靜止能量需求是指貓咪在安靜的環境休息時，維持體內代謝平衡（如消化、呼吸和血液循環等）所需要的能量。計算靜止能量需求時，公式裡的體重是指理想體重，而非目前體重，因此建議先請醫生詳細評估身體狀況，再去計算貓咪的靜止能量需求較適當。

靜止能量需求（kcal/day）＝（體重 kg × 30）＋ 70

或

靜止能量需求（kcal/day）＝ 體重 $kg^{0.75}$ × 70

是不是以為計算出靜止能量需求，就等於貓咪每天需要的熱量了？當然不是！靜止能量需求是貓咪在休息沒有活動時的狀態，所以通常只佔每日能量需求的 60 至 80%；再加上貓咪的每日能量需求會因年齡、活動和生理狀況（如懷孕或生長期）、絕育與否，以及環境生活條件等個體差異而不同，這些都會讓計算的能量需求差異到 25%。

▲ 每日熱量需求也需要考慮到貓咪的活動狀態

舉例來說，如果貓咪像個勁量電池，活動力旺盛，熱量攝取一定需要較高；而整天宅在家坐沙發的貓咪，熱量攝取相對就要比較少。因此，靜止能量需求必須根據貓咪狀況再乘上不同生命階段的因素參數，才是貓咪的每日能量需求（Daily Energy Requirement；DER）。

這個計算公式和參數，只是讓家長有個方向，不代表你的貓咪需要的熱量就是計算出來的數值。因為有很多因素都會影響這些數值，像是貓咪生病時需要的每日能量需求會比正常時更多，所以必須更客觀且全面性的評估，才能讓貓咪獲得足夠的熱量。

▲ 每日熱量需求是以靜止能量需求乘上各生命階段的參數

成年期貓咪雖然在營養和熱量攝取上相對較簡單，但也並不是一成不變，當身體的狀況改變（如疾病或肥胖）時，食物種類或是熱量給予就需要視情況來調整。因此，建議每個月秤一次體重並做記錄，而每半年至一年就幫貓咪進行一次體態狀況評估和肌肉狀況評估，確定提供的飲食可以讓他維持理想的身體狀況，以及良好的體重控制。

▲ 用理想體重計算出靜止能量需求之後，再代入參數以及根據活動量調整，就可以算出貓咪一天能吃多少食物

2-4 懷孕和哺乳期階段

貓咪和人類一樣，對於母貓和胎兒來說，從懷孕到哺乳是一個重要的時期。這個階段飲食所提供的營養物質和能量，是「一貓吃多貓補」，除了要滿足母貓身體的需求，還要提供胎兒生長的需求，在哺乳期間也要能滿足多胎小貓的需求。所以，母貓在這時期的能量和營養需求是所有階段中最高的。

母貓在懷孕期間如果沒攝取足夠的營養，生出來的小貓容易產生身體與行為上的異常。有報告指出，在懷孕後期和哺乳期的母貓如果餵食低蛋白質飲食，和營養均衡的母貓相比，前者生的小貓會比較敏感且情緒化，學習能力降低，以及社交行為能力差。所以不要輕忽懷孕和哺乳期母貓的營養攝取對小貓產生的影響。

Chapter 2

◍人◍✦

母貓最適合懷孕的年齡

養在室內的母貓，一般會在 6 至 9 月齡開始第一次發情，但不代表貓咪的身體已經做好了懷孕準備。在 10 至 12 月齡之前，身體還在生長階段，如果母貓在這時期懷孕，吃進來的營養不僅要維持自己的生長，還要提供小貓生長發育之用，在這樣的情況下，有可能導致母體本身營養不足，生出來的小貓也會有發育不良或夭折的情形發生。

除了太年輕懷孕不適合，母貓年齡過大也不適合。7 歲之後懷孕，會增加母貓生殖系統疾病的發生率和發情週期不規律，因此也不建議讓 7 歲以上的母貓懷孕。所以，最適合母貓懷孕的時期是在 1.5 至 6 歲。

▲ **貓咪最適合懷孕的年齡為 1.5 ～ 6 歲**

母貓懷孕前的注意事項

在母貓懷孕前，要先完成定期施打預防針、驅體內外寄生蟲，以及傳染性疾病檢查（如貓愛滋病、貓白血病等），確定母體健康狀態良好，生下來的小貓比較不會有健康上的問題。

此外，母貓的體態最好能達到理想狀態（BCS 3/5 或 5/9），體重過輕或是體態差（BCS < 2/5 或 < 3/9 以下）和營養不良容易造成不孕或產乳量不夠，生出來的小貓也會因為體重不足，活動力差甚至是死亡。因此，體重過輕的母貓應該給予熱量較高的飲食（如高蛋白質和脂肪），讓身體狀況達到理想體態再進行懷孕。

而體重過重的母貓，會因為肥胖（BCS > 4/5 或 6/9 以上）加上胎兒容易過大，而造成難產和死胎發生，必須將體重減到理想狀態再進行懷孕比較好。

另外，為了減少貓咪在懷孕哺乳期間出現腸胃不適症狀，最好避免在懷孕期間突然更換新的食物。可以在懷孕前 2 週就開始提供優質、易消化的飲食，讓貓咪先適應新的食物，減少消化道症狀的發生。

懷孕、哺乳貓咪的
能量攝取和體重變化

1. 懷孕期（Pregnancy）

貓咪的懷孕期平均約 65 天。貓咪在懷孕初期時，能量攝取和體重就會開始增加，飲食中的能量除了維持母體，也要提供給生長中的胚胎，讓小貓出生時的體重能在平均範圍內並正常生長。

因此，在懷孕後期時，貓咪食物的攝取和能量需求會比成年期還要**多約 25 至 50%**。增加的體重主要是在儲存脂肪，因為母貓無法只靠進食來維持懷孕後期和哺乳期所需的高能量需求，必須儲備一些脂肪以備不時之需。

懷孕後 1/3 期間，逐漸發育變大的胎兒會壓縮母貓原本腹腔內的空間，影響胃腸道擴張和消化的狀況，這可能會導致母貓的食慾變差。為了能讓母貓攝取到足夠的能量，可以提供**少量多餐**或是**任食**方式，讓母貓可以隨時進食。此外，給予比較**容易消化、能量密度高的飲食**（如幼母貓或成長中幼貓飲食），以減少母貓腹脹的不舒服感；這類飲食可以持續給予，讓母貓在懷孕期和哺乳期都能得到足夠能量，直到小貓斷奶為止。

◀ 母貓懷孕時會比平常需要更多熱量

2. 哺乳期（Lactation）

原本母貓在懷孕後期的食量會降低，但在生產後會因哺育小貓需要能量，而再次增加，這樣才能維持哺乳期的能量需求。

但是，生產後的母貓如果只靠進食得到能量，無法滿足哺乳期的能量需求，必須代謝一些身體的肌肉或脂肪組織才能維持；所以母貓在生完小貓後的體重會減少約 40%，但身體還是會保留一些脂肪，以維持哺乳期需要的能量。

隨著小貓慢慢長大，母貓從飲食中攝取的熱量也會逐漸增加。例如，在哺乳期第一週時，每日能量需求是成貓的 1.5 倍，第二週時增加為 2 倍，到第三至四週時則增加到 2.5 至 3 倍。

由此可知，哺乳期需要經常調整母貓進食量，確保母貓和小貓都能得到適當的熱量。

小貓斷奶後，母貓的體重就會恢復到懷孕前的體重，這時的飲食可以調整到懷孕前的飲食狀況，以維持母貓的體態和體重，避免肥胖的發生。

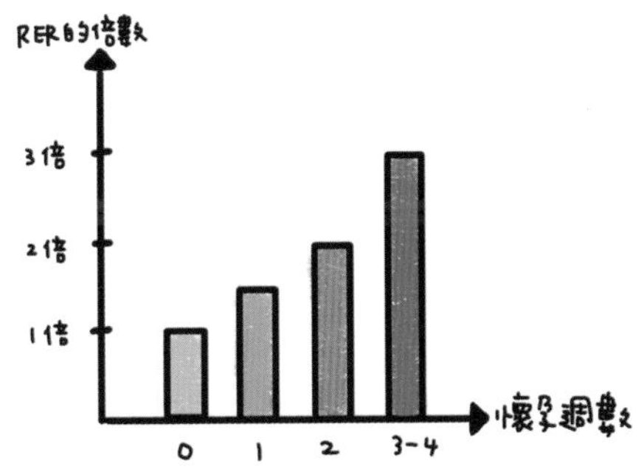

◀ 哺乳母貓的每日能量需求隨懷孕週數增加

因為母貓每次生產時的小貓隻數都會不一樣，可以將哺乳期的熱量攝取增加為成年期的 2 至 3 倍，避免熱量攝取不足的問題。

母貓攝取的熱量過低，無法同時滿足母貓和小貓的能量需求，除了會導致母乳產量減少和母貓體重減輕，還會影響小貓的健康和生長。不過，進食量多寡還是得看母貓的意願，不是每隻母貓在哺乳期都願意攝取高量食物。

要如何知道母貓攝取量是不是足夠？可以根據小貓每日成長的體重和母貓的體重變化，來評估營養攝取；小貓體重要每天持續增加，而母貓的體重最好能維持或少量增加（平均約 20%）比較適當。

▲ 母貓要吃飽飽才有力氣照顧小貓
（哺乳期進食熱量建議是平常 2 ～ 3 倍）

ⓄⒶⓄ✦

懷孕哺乳母貓需要的營養物質

母貓在哺育小貓時，對於能量和營養的需求很高，尤其是在小貓出生後第七週；這些飲食要能滿足母貓本身需求，產生足夠餵養小貓的乳汁，以提供小貓生長發育所需的營養和能量。母貓的進食量、生產小貓隻數、大小和母貓的年齡，決定了多少能量才能滿足這些需求。

1. 蛋白質

蛋白質除了提供母貓和小貓能量外，飲食蛋白質能提供建造和修補身體組織的原料，對胎兒和幼貓組織器官的形成是最重要的成分。

胎兒和哺乳幼貓所需的蛋白質經由胎盤和乳汁獲得，因此除了要提供優質的飲食蛋白質給懷孕哺乳母貓，更需要注意蛋白質的攝取量，不能低於蛋白質最低建議量 30%DM。其中，必需胺基酸對於懷孕哺乳貓咪更是必要，如果缺乏可能會造成生殖上的問題。舉例來說，當牛磺酸缺乏時，母貓的受孕率會降低，並且造成新生兒體重不足，以及生長發育的問題。

2. 脂肪

脂肪對於懷孕哺乳期的母貓來說也是重要的營養物質。前面提到，在懷孕後期，母貓會因為腹部壓迫逐漸增加而影響食慾，這時脂肪可以提供大部分飲食的熱量來源，因此，飲食中脂肪含量不能低於最低需求的 9% DM，甚至可以增加到高達 20 ～ 35%DM。不只是脂肪，在懷孕哺乳期的營養物質都建議要高於成年需求量，才能讓小貓出生時是正常體重和正常生長。

此外，必需脂肪酸（如 Omega-3 和 Omega-6 脂肪酸）只能從食物中獲得，對於懷孕和哺乳的母貓也是重要的營養物質。其中，Omega-3 脂肪酸中的 DHA 對小貓正常的神經和視網膜發育是不可缺少的，為了確保發育中胎兒能獲得足夠的Omega-3脂肪酸，最好的方法是從母貓的飲食中補充。

◀ 對懷孕母貓來說，各種營養物質的攝取非常重要，尤其是蛋白質、水及脂肪

Q & A

Q、母貓在懷孕哺乳期時，是否需要額外提供鈣粉？

A、在懷孕和哺乳期，有些家長怕母貓缺乏鈣，會額外再補充鈣粉，但是額外補充鈣粉或給予富含鈣質的飲食，其實是不必要的。

過度補充鈣粉可能會造成體內鈣磷不平衡，而導致胎兒畸形或母貓產後抽搐發生，因此提供營養均衡的飲食給貓咪就已足夠。如果想要給予，或是有需要給予，最好先請醫生檢查後再決定需不需要給予，或要給予多少量。

3. 水

水分對於所有階段的貓咪都很重要，對哺乳期貓咪更是重要。母貓在分娩後，乳汁分泌會開始增加，這時對於水分的需求就會明顯增加。母乳中的水分含量很高，如果攝取水分不足，可能導致母乳產量減少，因此在懷孕哺乳期要讓母貓隨時都能獲得新鮮的水分，才不會造成母體脫水或產乳不足的狀況發生。

家中如果有懷孕哺乳的母貓，除了飲食選擇很重要，飲食所引起的胃腸道敏感問題也要特別小心！很多家長在母貓懷孕期想幫貓咪補身體，因此會提供多樣化飲食，但這容易造成母貓腸胃道不適而引發症狀，如下痢。

過度拉肚子除了會造成母貓脫水以及營養吸收不良外，懷孕母貓使用藥物治療，也有可能造成小貓發育異常或健康上的影響。以上這些情形都應該小心避免，生出來的小貓才會健康。

Q & A

Q、如何知道母貓奶水夠不夠小貓喝？

A、要評估母貓奶水夠不夠，較簡單的方法是透過觀察小貓生長狀況和體重變化作為依據。新生小貓每天體重要增加 10 至 15g，如果每天體重增加少於 7g，可能表示母乳產量不足或吸奶狀況不佳，需要額外補充專用奶。

但是，要為已經習慣吸吮母貓乳頭的小貓額外補充專用奶並不容易，除了小貓不願意接受奶瓶的奶頭之外，專用奶也容易造成小貓腸胃不適，需要特別留意。

2-5
老年期階段

近年來，臨床上看見越來越多貓咪的平均壽命從 15、16 歲增加到 17、18 歲。隨著飲食管理、健康檢查和疾病預防觀念的改變，貓咪的壽命也越來越長，大部分的老年貓咪看起來就像「凍齡」狀態，在他們的臉上幾乎看不出歲月的痕跡，有些只能在行為上看出一些蛛絲馬跡。

「老年化」是一個複雜的生理過程，但不是一種疾疾。老年化會讓貓咪在面對生理和環境壓力時，維持自身穩定的能力逐漸減少，因此降低了他們的生存能力，並增加疾病發生率。

無論是人類或是貓咪，都敵不過老年化的到來。當貓咪進入老年期，身體有什麼樣的變化？在營養上需要留意些什麼？又該如何將老年化造成的不適感降低？

▲ 有許多貓咪在外觀上看不出年老

⦶人⦶✦

與老化有關的身體改變

很多家長會說：「我們家貓咪都不太愛玩，大部分的時間都在睡覺，明明不到 10 歲，怎麼過著像老人般的生活？」也許是貓咪長期生活在一成不變的室內環境裡，使得他們變得不愛動，相對的睡眠時間就變長。如果從成年到老年都是這樣的生活模式，當貓咪進入老年階段後，很容易就忽略他已經變老的事實。

貓咪老年化的定義一直都難以界定。在 2021 年 AAHA（American Animal Hospital Association）/ AAFP（American Association of Feline Practitioners）的指南中，將 7 至 10 歲的貓咪定義為熟齡貓咪（Mature adult），而 10 歲以上為老年貓咪（Senior）。不過，老年貓咪的身體狀況還是會因個體差異而有所不同，因此年齡的分界線僅供家長參考。

雖然很多老年貓咪的外表看起來與年輕成貓咪沒什麼不同，但老年化的確為他們的生理帶來不少變化。例如身體狀況（如五官或皮膚狀況）普遍下降、行為改變、身體脂肪和肌肉量慢慢減少，以及器官功能逐漸衰退等。因此，貓咪老年化不只依據年齡來進行分類，也要同時與身體功能和生理改變一起評估。

不過，這些老年化的改變通常是循序漸進的發生，如果沒有仔細觀察，不一定會被發現。

老年貓咪的生理改變有哪些？

1. 消化系統的改變

老年貓咪胃腸道的消化和吸收功能會逐年降低，導致營養攝取不足，增加全身性疾病的發生機會；除了胃腸道功能改變，口腔疾病的發生機率也會增加，如牙結石、牙周病和掉牙。這些改變引發的疼痛及不適感，都可能導致貓咪進食量減少，進而引發體重減輕。

2. 皮膚和肌肉骨骼系統的改變

老年貓咪的皮膚會失去彈性，自己整理毛髮的時間也減少了，因此身上的毛髮變得乾澀、粗糙、掉毛量增加或毛髮變白（較常發生在鼻口周圍）。

除了毛髮，肌肉量也會明顯減少。在骨頭方面會有骨質流失且變脆，以及關節炎的發生，這些都會影響貓咪的活動力。因為骨骼肌肉的問題，貓咪的動作無法像以前一樣靈敏，如果是肥胖的老年貓咪會因為體重而增加關節負擔，讓關節炎問題惡化，關節炎引起的疼痛會降低活動量，也會降低食慾，導致體重減輕。

3. 五官的改變

在人類，老年化會造成感覺器官（如視覺、聽覺、味覺和嗅覺）退化和功能變差，老年貓咪也有相同的狀況。其中，嗅覺在貓咪的進食上是很重要的感覺器官，嗅覺變差時會降低老年貓咪的食慾，進而導致體重減輕。

▲ 老年貓咪感官（如視力）退化

4. 重要器官功能的改變（如心臟、肝臟和腎臟）

a. 心肺功能老化 __

心臟老化會增加心臟疾病的發生機率，同時造成運送血液到各器官的效能降低；而肺臟在老化的過程中會造成肺泡彈性變差，使氣體交換運送功能也降低，增加呼吸道疾病發生。

b. 腎臟功能衰退 __

老年貓咪的腎臟功能衰退時，會導致尿液濃縮、過濾和其它重要功能降低，以及影響體內水分和電解質調節。嚴重時會引起身體脫水、便祕，甚至是尿毒症。

c. 肝臟功能衰退 __

縱使肝臟有強大的再生能力，也敵不過老化的改變。當肝臟開始老化時，身體代謝解毒的能力、對藥物的代謝能力，以及營養物質的代謝都會隨之降低。這些功能的退化，容易造成疾病的發生。

d. 胃腸道功能的衰退 __

當貓咪慢慢老化時，胃腸道的吸收功能也會開始變差，尤其是在蛋白質和脂肪的吸收上，這會增加老年貓咪形成老年肌少症及營養不良的機會。

▲ 老年貓咪可能面臨的身體變化

5. 行為上的改變

貓咪在老年時常會有行為上的改變，但這些生理變化很細微，如果沒仔細觀察往往會被忽略。例如，老年貓咪會因為疼痛，行動變得較緩慢，也變得比較容易生氣；面對想要跳的高處，也會看很久才跳；也可能因為睡眠時間變長，進食量也明顯減少，造成體重慢慢變輕。

除了身體的狀況外，環境的改變也會影響老年貓咪的進食狀況。與成年貓咪相比，老年貓咪較無法適應日常生活的變化，例如家裡成員改變（包含人或貓咪成員）、飲食改變或疾病狀態。

上述變化帶來的壓力，可能會導致老年貓咪行為改變，像是不吃東西、找地方躲起來或改變上廁所的習慣。因此，這些老年化帶來的改變，只能透過細心觀察來發現，並根據老年貓咪的需求調整和改變，盡可能維持他們生活環境的穩定。

老年貓咪食慾和體重減輕的原因

貓咪和人類一樣，都逃不過歲月為身體帶來的改變。當身體的代謝和器官功能隨著老年化而逐漸衰退，最終幾乎都會影響貓咪的食慾，接著就會造成體重的改變（如體重減輕）。

有許多原因都可能會造成老年人類食慾降低和體重減輕，不論是老化造成的器官衰退，或是疾病造成的身體影響。在人類的老年醫學中有 9 個較常見的原因，而它們的英文單字開頭都是 D，因此就將這 9 個原因組成一個記憶法；而這個分類也可以用在描述貓咪老年化後因進食量減少而引起體重減輕的原因。

9 個 D 的英文單字分別是 Dentition（牙齒狀態）、Dysgeusia（味覺失調）、Diarrhea（胃腸道症狀）、Disease（慢性疾病）、Depression（抑鬱）、Dementia（癡呆）、Dysfunction（功能障礙）、Drug（藥物）和 Don't know（未知）。

以上原因都可能導致貓咪食慾變差，像是牙齒問題可能讓貓咪進食困難，藥物可能引起胃腸道不適而降低食慾等。因此，發現老年貓咪的食慾變差時，千萬不要認為只是食慾少一點，應該影響不大；若食慾變差的狀況持續惡化，緊接而來的就是明顯的體重減輕和疾病發生。

▲ 9 種常見導致貓咪進食減少的原因

老年貓咪的體重減輕，除了與食物攝取量有關，食物本身含有的熱量多寡也會影響。例如，在需要高熱量飲食（如體態偏瘦）或有代謝疾病（如甲狀腺功能亢進或糖尿病）的老年貓咪，給予低熱量飲食可能會造成熱量攝取不足，體重容易在不易察覺的情況下慢慢變輕；加上攝取的飲食熱量低時，相對要吃更多食物才能達到身體的維持量。但大部分的老年貓咪因為生理功能退化，再怎麼吃都很難攝取到足夠的需求。

Q & A

Q、老年貓是不是要改吃熟齡或老年飲食？

A、目前 AAFCO 沒有老年貓咪的最低營養需求，加上老年貓咪的新陳代謝和消化吸收能力下降，所以在能量和營養需求上不建議低於成年貓咪。不過，每隻老年貓咪的身體狀況各有不同，應該要根據身體的需要和健康狀態來選擇適合的食物，不一定都得要改成老貓飲食。

例如，在肥胖老年貓咪可以選擇減少食物熱量、增加纖維量的飲食，但這類飲食就不適合體態偏瘦的老年貓咪。在健康且體態偏瘦的老年貓咪，反而需要攝取高質量蛋白質和高熱量及易消化的飲食為主，才能維持他們的身體需求及體態。

老年貓咪的能量需求

養在室內的貓咪不需要狩獵就能免費獲得食物，所以睡覺、進食和理毛就成了主要的生活模式。也因為如此，貓咪從成年到老年的生活模式幾乎差不多，甚至有人認為貓咪大部分的時間都在睡覺，所以對於能量的需求應該不高。但是，貓咪在每個階段會因健康狀況或代謝狀態不同，而改變身體的能量需求。

貓咪在生長期需要很高的能量來維持生長發育，但在成年期並且絕育後，能量需求反而會每年減少約 3%，因此貓咪成年後的能量需求反而會比幼年期更少；如果已絕育的成年貓咪沒有好好控制飲食的熱量攝取，就會容易造成肥胖發生。

不過，隨著年齡增長到 11 歲之後，身體對能量的需求又會開始增加，這時候如果飲食熱量攝取不足，可能會造成貓咪體重減輕。

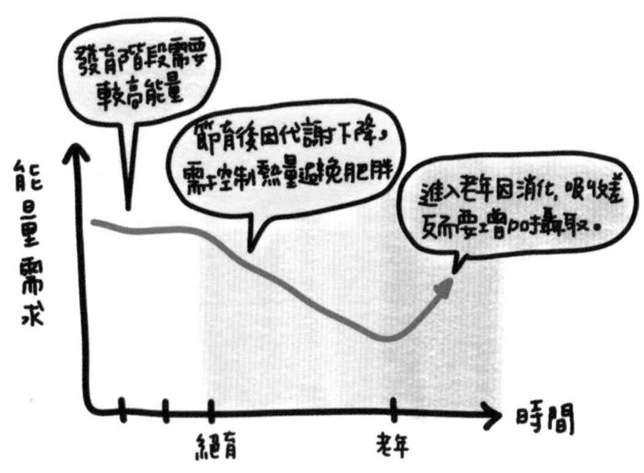

▲ 貓咪能量需求變化示意圖

老年貓咪除了能量需求會改變，身體對於食物中營養物質的消化吸收能力也會有明顯改變。在一項研究中，研究對象中約有 1/5 的 14 歲以上老年貓咪，對蛋白質的消化率低於 77%，而有 1/3 的 12 歲以上貓咪，對脂肪的消化能力低於 80%。這也表示了隨著年齡增長，貓咪身體消化吸收營養物質的能力也會隨之下降。

當貓咪因老年化造成身體對飲食蛋白質的消化吸收率降低，加上飲食攝取量減少，可能會導致身體的負氮平衡（Negative nitrogen balance）*1 和淨體重（Lean Body Mass；LBM）*2 減少（即體重減輕和身體肌肉減少）。

另外，身體對於蛋白質和脂肪的消化吸收率降低時，也會造成部分維生素和礦物質吸收減少，因此健康老年貓咪必須比最低需求量多攝取 25% 以上，才能彌補營養物質吸收不足的狀況。

*1 負氮平衡（Negative nitrogen balance）：
在營養學上會以氮平衡來概略表示身體蛋白質的利用狀態。飲食中氮攝取少於氮損失時，就會造成體內的負氮平衡，而容易使身體肌肉被分解。

*2 淨體重（Lean Body Mass）：
是指體重減去身體脂肪含量後剩下的身體重量。淨體重也可以稱為瘦體重，這些重量包括構成身體的水分、組織器官及肌肉等重量。

ⓘ人ⓘ✦

老年化與肌少症

就如前面提到的，不論是貓咪老年後消化道吸收營養的能力變差，或是因老年和疾病引起的食慾降低，這些都會造成攝取的蛋白質減少。當身體無法從飲食中得到足夠的蛋白質時，就會開始分解身上的蛋白質（如肌肉）以獲得足夠的胺基酸來源，維持正常生理代謝。

因為老化而導致身體肌肉被分解的狀況，稱為老年肌少症（Sarcopenia），這個過程通常是緩慢進行的。

老年肌少症是以身體肌肉組織減少為主，在一些肥胖的老年貓咪，身體過多的脂肪組織會彌補減少的肌肉重量，如果沒有做詳細身體評估，只是秤體重，可能會誤認為貓咪的體重正常，反而忽略了老年肌少症的問題。

因此，即便是健康的老年貓咪，淨體重也可能會比年輕成年貓咪少約三分之一；為了維持老年貓的身體狀況，能量需求相對就會比成年貓更高。

雖然老年肌少症是因為年齡增長（生理性）導致肌肉質量和功能減少，並不是在有疾病的情況下引起，但很多老年貓咪發生慢性疾病前就有肌少症，所以發現疾病時，體重減輕會快速惡化疾病狀況，讓貓咪看起來更虛弱，甚至增加死亡風險。所以，在老年貓咪反而需要更加重視體重減輕或體態偏瘦的問題。

維持老年貓咪理想的體態

貓咪在 12 歲之後，身體的肌肉和脂肪組織會開始慢慢減少，這個過程通常是「無聲無息」進行著，因此容易被忽略，再加上我們常認為老年貓咪變瘦和體重下降是正常老化狀態而不以為意。但在變瘦和體重下降的同時，也潛藏了疾病發生的可能性，為了降低老年疾病發生率，如何讓老年貓咪保持最佳體態是最重要的課題。

在成年貓的章節（請參考 P.138）中提到過身體狀況評分（Body Condition Score；BCS），它也可以應用在老年貓咪身上，因為老年貓咪的淨體重會逐年減少，所以在評估 BCS 的同時，也要一起評估肌肉狀況（Muscle Condition Score；MCS）。

MCS 和 BCS 不同的地方，在於 MCS 主要評估身體肌肉的質量；和 BCS 一樣，MCS 也經由視覺和觸診按壓的方式，評估頭部、肩胛、胸腰椎，以及骨盤骨上的肌肉量。

例如，一隻老年貓咪的 BCS 評估為 7/9，而 MCS 為中等肌肉喪失，如果只評估 BCS 可能會認為貓咪屬於肥胖體態，但實際上這隻老年貓咪已經有老年肌少症的形成。不過，也因為因為這些評分標準比較主觀，大部分家長在評估上也許就會比較「寬鬆」，所以請醫生來評估會更準確。

除了過瘦，過胖的老年貓咪也會增加疾病發生率和死亡的風險。肥胖不僅會使壽命變短，也增加了糖尿病、關節炎、泌尿道疾病和肝臟疾病的發生。因此，不管老年貓咪體態是過瘦或過胖，對於健康和壽命都會有很大的影響。

如果能將貓咪的體態維持在 BCS 3/5 或 5/9，並保持適當的身體肌肉含量，不但可以延長貓咪的生命，還可以減少疾病發生率。因此，在幫老年貓咪限制熱量時，卻發現他的肚子明顯變大、腰部脊椎明顯凸出；或是老年貓咪吃很多，但體重和肌肉量卻都在減少，這時最好能帶到醫院請醫生檢查，確認是否有疾病問題，並且針對貓咪的狀況進行營養調整及治療。

不管是哪一個階段的貓咪，都需要維持良好的體態，老年貓咪更是如此。但要讓老年貓咪的體態能一直維持在理想範圍內，並不是件容易的事。

老年貓咪的營養需求

以前對於老年貓咪的營養一直沒有很在意，總是聚焦在疾病營養上，但開始了解貓咪的基本營養後，才發現其實老年貓咪的營養需求比想像中更重要。

此外，最近有越來越多不同於以往的老年貓咪營養認知被提出來討論。例如，以前認為健康的老年貓咪需要低蛋白質飲食，才不會造成腎臟疾病，而現在有許多人提出不同的意見。因此，給予老年貓咪適當的營養照顧，才能減少疾病發生，並維持良好生活品質。

1. 蛋白質的需求

貓咪對蛋白質有很高的需求，因為身體蛋白質的合成更新和能量產生都需要它。對體重減輕和胃腸道消化吸收力下降的老年貓咪而言，飲食蛋白質的需求更是重要。

在 1-4 中也提過，飲食蛋白質主要用在身體蛋白質（如肌肉、抗體蛋白）建構和組織細胞修補更新的材料，因此若飲食蛋白質攝取不足，這些建構和修補的材料，只好從身體肌肉提取並分解材料來使用。這也是為什麼當貓咪變瘦時，腰背部和後腳肌肉會變薄、脊椎骨的棘突會變明顯。

因此，當老年貓咪對於蛋白質的消化能力隨著年齡增加而降低時，蛋白質的攝取必須要能維持淨體重的需求，才能降低體重減輕的發生。但成年貓咪的最低蛋白質需求（26% DM）不一定能滿足這些消化能力變差、或是有肌少症的老年貓咪，因為他們的需求可能會比成年貓咪再多 50%，才能維持淨體重。

由此可知，健康老年貓咪需要的飲食蛋白質不建議低於成年貓咪！雖然單靠飲食管理不一定能預防或逆轉老年化肌少症，但熱量或蛋白質攝取不足，的確會惡化肌少症的狀況。

因此，給予健康年老貓咪優質、易消化的蛋白質（請參考 1-4，P.070）以維持體重和身體肌肉量，才能減少疾病和死亡發生的機會。

▲ 消化吸收不良和攝取量減少，會導致老年貓咪肌肉減少和體重下降

Q & A

Q、能否給予健康老貓低蛋白質飲食，以預防腎臟疾病發生？

A、這個議題目前仍然存在很大的爭議。雖然限制蛋白質飲食對於有腎臟疾病的貓咪有益處，但不代表給予限制蛋白質飲食對健康老年貓一定是適合的飲食。

如果是腎臟功能尚可但體態偏瘦的老年貓咪，長期給予低蛋白質飲食可能會惡化肌少症的狀況，對貓咪的健康不見得有幫助。所以，要先請醫生確認老年貓咪的身體狀況，再根據狀況來選擇適合他們的蛋白質飲食，並不是非要限制飲食蛋白質或是高蛋白質飲食對老年貓咪才是好的選擇。

2. 脂肪和碳水化合物

除了蛋白質之外，脂肪對老年貓咪而言也是重要的營養物質。在食慾較差的老年貓咪，如果飲食中脂肪的比例高一些，脂肪提供的高熱量能讓他不需要吃很多食物，就能維持身體熱量需求。

此外，脂肪可以增加食物的適口性，有助於增加貓咪的進食量。高脂肪食物雖然對於體重過輕的老年貓咪有幫助，但在肥胖的老年貓咪，高脂肪飲食則必須小心提供，以免因肥胖造成其它疾病發生。

雖然，貓咪的飲食中可以不需要有碳水化合物的來源，但還是有生理上的需求。當飲食中有碳水化合物，可以提供細胞需要的葡萄糖，蛋白質就能夠用在身體蛋白質合成更新上；相反的，如果飲食碳水化合物或脂肪提供的熱量不足，細胞需要的葡萄糖就得從飲食蛋白質中取得，這可能會影響身體蛋白質合成更新的需求量，或惡化老年肌少症。

因此，飲食中的碳水化合物可以減少蛋白質用於身體能量的需求。

◀ 能量攝取不足會造成肌肉流失、體重減輕

3. 水分

老年貓咪會因為活動力降低或行動不便，而減少主動去喝水的頻率，或是因老年化造成的口渴感知降低，這些都會明顯減少老年貓咪的喝水量，並增加身體脫水的危險。

因此水碗裡的水必須時常更新，讓貓咪可以喝到新鮮的水，也可以在家中各處放置一些水碗，讓貓咪隨處都有水喝；給予含水量較高的食物，或在食物中添加一些水也是增加喝水量的方式。增加老年貓咪的喝水量，可以減少身體的脫水狀況。

4. 其它營養物質

飲食中脂肪提供的必需脂肪酸對老年貓咪也是重要的營養物質。此外，當老年貓咪的消化道對飲食中的脂肪消化和吸收減少時，會影響維生素 B、維生素 E、鉀和其它礦物質的吸收。

所以，完整且均衡的老年貓咪飲食必須含有適當的維生素和礦物質。此外，飲食脂肪中含有的抗氧化劑和脂肪酸，可以增強老年貓咪的免疫功能，並減少疾病發生，這些抗氧化劑和脂肪酸包括維生素 E、β-胡蘿蔔素、Omega-3 和 Omega-6 脂肪酸等。因此，額外補充抗氧化劑和脂肪酸，對於老年貓咪是有幫助的。

老年貓咪的生活照顧

老年貓咪的照顧與成年貓咪不太一樣，他們面對日常生活的應變能力會變差，遇到環境壓力時，可能出現不吃不喝、躲藏和（或）改變排泄習慣。然而，並不是只有環境會造成貓咪的壓力，像是疾病、天氣、家庭成員改變，甚至是飲食上的改變，都有可能成為老年貓咪的壓力來源。

所以， 為他們建立安全且舒適的環境是很重要的事，下面整理一些老年貓咪的生活照顧要點：

1. 飲食部分

- 很多生病的老年貓咪會因為疾病而改變原有的飲食習慣，飲食改變容易造成壓力或腸胃道不適，一般建議等身體穩定後，再慢慢改變成新的食物，以減少壓力和避免貓咪對食物產生厭惡感。
- 可以給予新鮮食物、濕潤飲食，或將食物加溫到接近體溫的溫度，這些都可以刺激、增加貓咪的食慾。
- 給予濕軟的食物，除了方便牙口不好的老年貓咪進食外，也可增加喝水量，減少身體脫水或便祕發生。

2. 身體部分

・口腔問題也是老年貓咪需要特別留意的地方。定期幫貓咪清潔以及刷牙，除了可以早期發現口腔疾病，也可以預防老年貓咪因疾病問題無法進食。

◀ 老年／熟齡貓咪可能會因爲身體狀況變化而降低食慾

・貓咪主要靠嗅覺來選擇食物，因為老年化，他們的嗅覺會開始慢慢退化，如果同時有呼吸道疾病，會影響貓咪進食。因此要時常確認貓咪的鼻腔是暢通的、有沒有呼吸道問題，確保不會影響進食。

・除了確認每天進食和喝水狀況外，排尿排便狀況的確認也很重要。定期幫貓咪確認體重變化和健康檢查，也能早期發現疾病，提早預防和治療。

3. 環境部分

a. **保持貓咪生活的便利**

老年貓咪因為肌肉和關節問題，行動上變得越來越不方便，不管是上廁所、進食或喝水，物品擺放位置都要離貓咪休息的地方近一些。

♦ **食盆和水碗**

・食物和水盆應放置在地面上，儘量不要放在需要跳高才能到的地方，方便貓咪食用。

・將食碗和水碗架高，讓貓咪不用特別彎下身去吃，能減少關節疾病造成行動不便的問題。

- 使用寬而淺的食碗，方便貓咪進食。
- 提供多個架高平台，放置舒適的軟墊，讓貓咪有舒服的休息空間。
- 提供斜坡或階梯方便貓咪上下，減少因跳躍造成的傷害。

♦ 貓砂盆

- 貓砂盆的邊框可以低一些，方便貓咪進出；如果貓砂屋有門，可以把門拆掉，減少進出貓砂屋的阻礙。
- 貓砂的選擇，以貓咪踩起來舒適的為主（如細礦砂），如果是粗砂（如崩解型木屑砂）可能會讓有關節問題的貓咪像在踩「健康步道」般的不舒服，而不願意去貓砂盆內上廁所。

b. 減少環境造成的壓力

- 提供幾個較隱密的地方，減少貓咪在休息時被其它貓咪或人類打擾。
- 在多貓飼養的家庭，讓老年貓咪有自己單獨的休息空間。
- 在沒有噪音和壓力的環境中讓貓咪吃飯，減少進食壓力。
- 在多貓飼養的家庭，最好單獨餵食老年貓咪，減少老年貓咪面對其它年輕貓咪競爭進食的壓力；分開進食也可以知道貓咪每天吃了多少的量。

4. 貓咪的社交

- 貓咪老年後有些會變得不愛動，可能喜歡單獨在隱密的地方休息，也可能會變得比較黏人，渴望有人陪伴。
- 儘量減少人員或貓咪的變動（如新進貓咪），這些可能造成老年貓咪的壓力，產生行為（如焦慮）或進食（如食慾下降）改變。

▲ 爲老年貓咪提供舒適的生活空間

很多家長都不想面對貓咪已經慢慢老年化，總有一天得要與他們道別的問題。現實總是殘酷，貓咪的年紀、身體和行為上的老化現象，以及慢性疾病的發生機率，都會隨時間流逝而增加。因此，如何讓貓咪度過舒適的老年生活，是每位家長都需要思考的部分。

在環境上，增加屋內的便利性，減少貓咪行動不便，創造不被打擾的空間；在飲食上，給予高營養價值的飲食，以維持健康和理想體重，降低疾病發生機會。

此外，每年定期的健康檢查以及身體評估，除了預防或早期發現慢性疾病外，當疾病發生時，也可以經由藥物和飲食來減緩疾病惡化。了解並接受老年貓咪的身體狀況，是每位家長守護他們的責任！

＊本書以「他」字取代「牠」，代表貓咪在我們眼中是最親愛的家人，是家中的一分子。

3-1
便祕（Feline constipate）

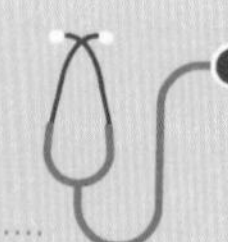

Mini

1 歲 6 個月，米克斯，絕育♂

Mini 在 1 歲多時發現有便祕的問題，拍 X 光片後發現，髖骨因幼年時期曾車禍受傷過，導致 Mini 在成年後有排便困難及便祕問題。因此，治療上先給予軟便劑，讓糞便比較軟化容易排出；飲食上則建議給予低纖維且易消化的飲食，以增加腸道蠕動，減少更多糞便和便祕的發生機會。

在消化和吸收章節中（P.035）有提到大腸的生理作用，大腸主要是由盲腸、結腸及直腸組成；與人類不同的是貓咪最後一段的小腸，也就是迴腸，是直接與結腸連通，而盲腸實際上是在近端結腸上的一個憩室。

大部分的營養物質在小腸內吸收後，少量未被吸收的營養物質和水分則是在大腸（主要是在結腸）中吸收。除此之外，大腸中的結腸有一個重要的功能——腸道中的細菌會發酵糞便中未消化的纖維，並產生能量（如短鏈脂肪酸），提供給腸道細胞使用，刺激結腸蠕動、防止有害菌過度生長，以及維持電解質和液體平衡。

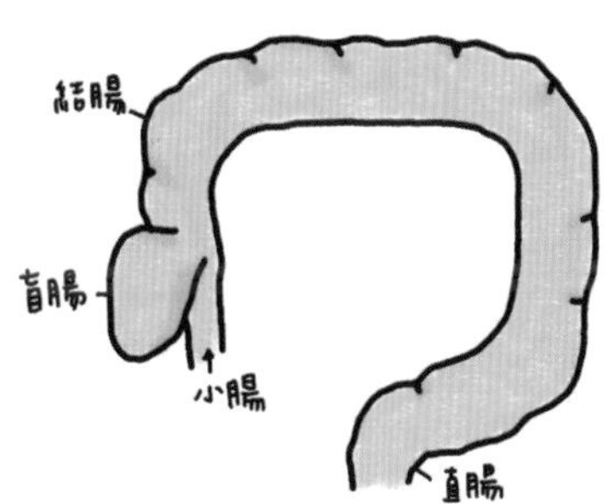

▲「大腸」是由盲腸、結腸及直腸組成

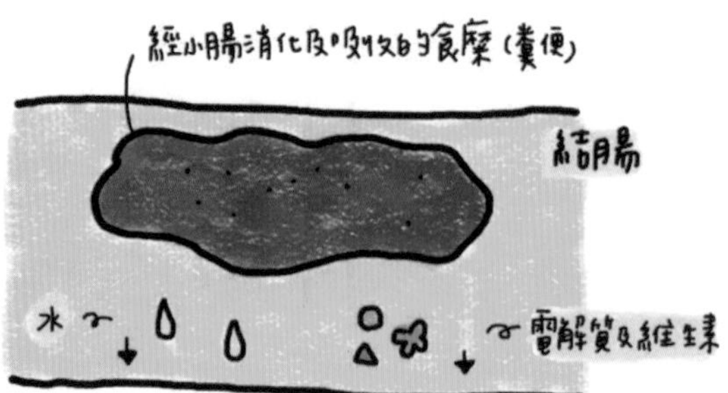

▲ **結腸的功能是吸收糞便中的少量水分以及營養物質（主要是電解質及維生素）**

「排便」是靠著結腸平滑肌的蠕動和收縮運動，將糞便往肛門口運送，接著排出體外。當糞便在結腸中停留過久時，糞便中的水分會被結腸吸收，進而形成又乾又硬的糞便，因此造成排便困難，這就是便秘（Constipation）。

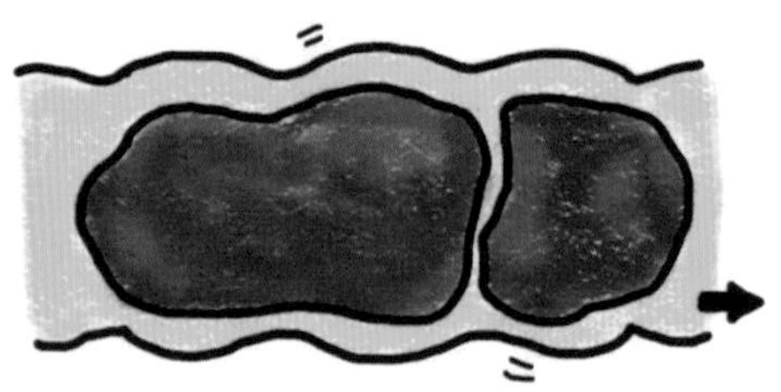

▲ **結腸平滑肌蠕動，將糞便往直腸推送**

貓咪跟人類一樣，只要每天正常進食，至少都會排便一次。正常的糞便應該是呈條狀，表面有紋路，略微濕潤的表面會沾附貓砂。如果糞便是像羊便便一顆一顆的，較乾的表面不太會沾附到太多貓砂，並且貓咪上廁所時感覺很用力、蹲很久，就要留意貓咪可能有便祕的問題。

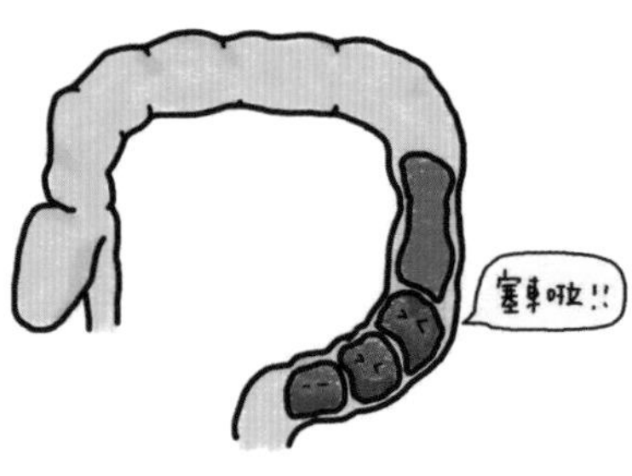

▲ 若糞便在直腸停留太久，水分被吸收，
就會形成乾硬的糞便而難以排出

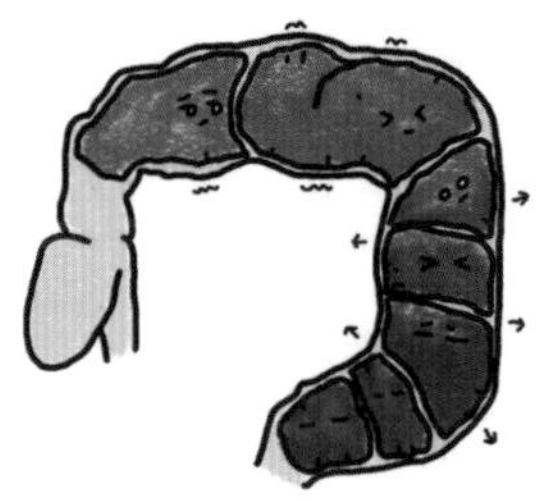

▲ 乾硬的糞便長時間累積，會使結腸平滑肌擴張而影響蠕動

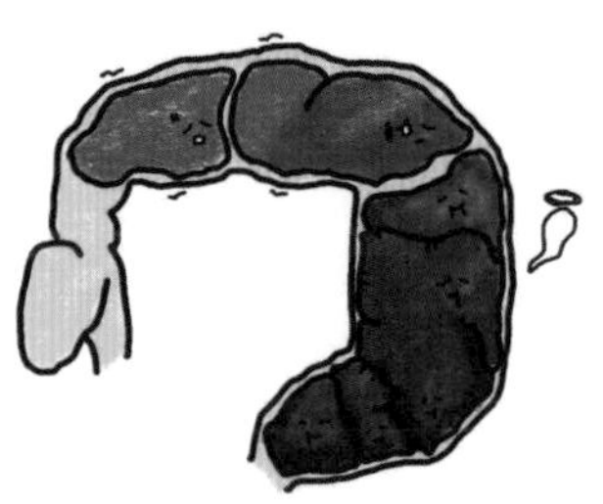

▲ 結腸擴張程度過大並使蠕動功能永久喪失，形成巨結腸症

>> 小叮嚀 <<

當糞便停留在腸道中的時間越長，糞便就會開始累積，變成粗又硬的糞便，造成貓咪排便困難，進而形成便祕。當這個狀況反覆發生的時間久了，就會形成頑固性便祕，此時對於治療反應是差的。

如果便祕造成結腸平滑肌擴張和腫大，甚至已經影響腸道的收縮性和蠕動性，也就是腸道功能永久性喪失，這時就會發生**巨結腸症（Magacolon）**。一旦形成巨結腸症，可能需要外科切除失去收縮蠕動功能的腸道。因此，長期慢性便祕最後可能會導致巨結腸症的發生！

ⓘ人ⓘ✦

原因

造成便祕的原因很多，任何會導致貓咪排便障礙的原因，都有可能會引起便祕。例如，大腸本身的問題、慢性疾病引發、髖骨或關節問題，或是神經性問題等，這些都有可能導致貓咪便祕。如果可以找出原因，並加以治療或解決問題，便祕狀況大部分都能獲得良好控制。

1. 結腸、直腸或肛門的問題

如結腸腔內或腸腔外長腫塊，影響腸道收縮蠕動功能，會增加糞便滯留在直腸中的時間。

2. 疼痛造成的排便困難

如貓咪關節炎引起的疼痛，導致排便困難，所以沒辦法將體內糞便排乾淨，造成糞便累積在直腸。

▲ 關節炎或其他疼痛也有可能是造成便秘的原因

3. 慢性疾病導致的脫水

如慢性腎臟病，會因為脫水使得糞便較乾且硬。

4. 髖骨或骨盆腔異常

如車禍撞擊導致骨盆腔受損而變形或狹窄，造成貓咪排便困難。

5. 神經障礙

如脊髓的疾病影響直腸的收縮功能，增加糞便滯留在直腸中。

6. 環境改變及壓力

家中資源（貓砂盆、貓砂種類、水碗食盆等）的數量和位置不足，造成貓咪不願去上廁所。

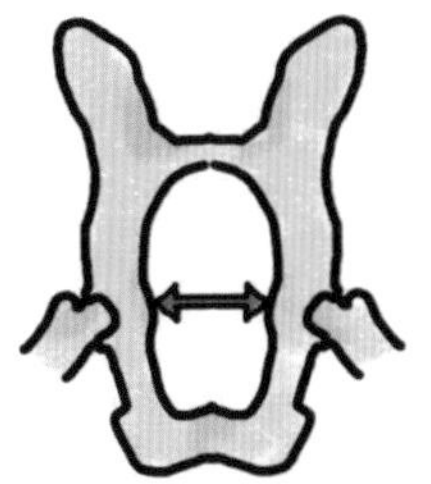

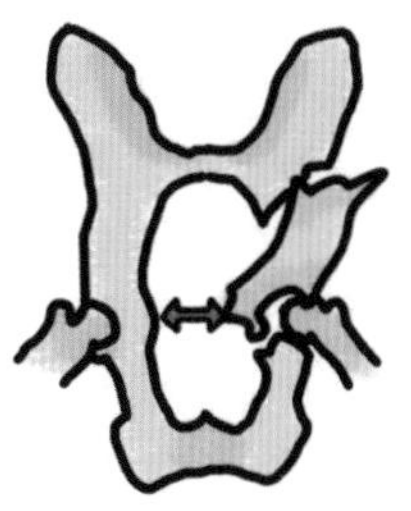

▲ 創傷導致的骨骼變形也可能使貓咪排便困難

症狀

要觀察貓咪是否有便秘的症狀，對於大部分的家長而言並不是很困難的事。只不過貓咪排尿困難和排便困難的症狀非常相似，如果沒有仔細觀察，很容易會把兩者混淆。

- 貓咪會頻繁的跑貓砂盆。
- 貓咪的排便量變少，或蹲了很久卻沒有糞便。
- 糞便較乾硬，且糞便表面可能會帶有血樣黏液物質。
- 貓咪上廁所很用力，甚至嚎叫。
- 肛門口周圍可能會有些微糞水。
- 貓咪在用力排便後容易出現嘔吐症狀。
- 比較不常見的症狀：厭食、嗜睡、體重減輕等。

▲ 便秘的貓咪排便用力且可能嚎叫

治療

根據便祕的嚴重程度，治療方式會有不同。如果貓咪有脫水和輕微便祕時，輸液治療以改善脫水和電解質不平衡，給予藥物或浣腸，將阻塞直腸的糞便清除；如果是因為疼痛引起的排便困難（如關節炎），可給予止痛藥來減少疼痛；當便祕最終導致巨結腸症時，也許會需要考慮手術的必要性了。

飲食管理

無論是手術、藥物或浣腸治療方式，最終還是會需要搭配飲食管理，讓貓咪能每天順利排便，減少糞便的堆積。

大家都知道高纖維飲食有助於排便、減肥和血糖控制，但不是所有的高纖維飲食都對便祕狀況有幫助；不同飲食纖維的含量和種類，都會影響糞便質地和排空速度。因此，如何在貓咪發生輕微便祕時，就先利用飲食管理減少巨結腸的形成，是一個重要的課題。

除了纖維的含量和種類之外，飲食中的營養物質也影響便祕貓咪的糞便狀況。那麼便祕貓咪的飲食究竟要給什麼比較好？當然還是要依據不同程度的便祕狀況，給予需要的飲食比例和治療，才能有效降低便祕發生。

目前給便祕貓咪的飲食建議，以能有效減少糞便堆積在結腸時間的飲食為主。這些飲食特性包括：能在短時間內被身體完全消化（減少糞便產生）、能增加糞便的含水量，以及刺激腸道蠕動的飲食，也就是**低殘留物飲食**（Low residue diet）。這類飲食大多為易消化的動物性蛋白質，中度脂肪和少量的纖維。

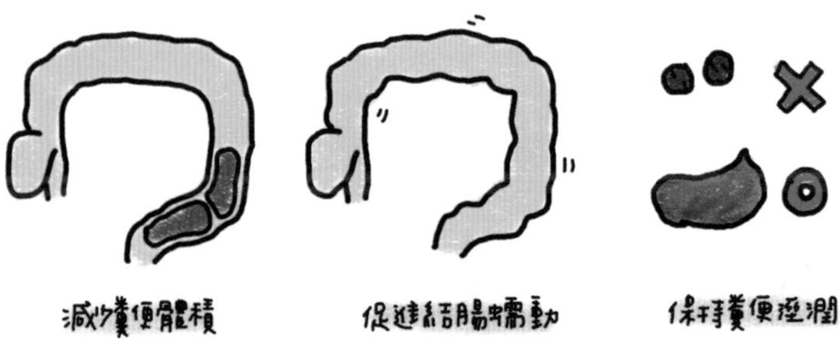

▲ **便祕貓咪的飲食管理目標**

◎低殘留物飲食的特性：

1. 易消化成分

便祕貓咪的飲食必須是容易消化的成分，這點非常重要。對於食肉性的貓咪來說，動物性蛋白質是最容易被貓咪身體消化的食物成分。消化率高的飲食可以減少糞便形成的量，加上飲食纖維改善結腸的蠕動性，能減少糞便停留在腸道內的時間。

此外，水分含量高的食物對貓咪來說也屬於易消化飲食（如溼食），可以攝取足量的水分、減少脫水狀況，也能明顯改善貓咪便祕的情形。

2. 纖維

便祕貓咪到底是要高纖維飲食好，還是低纖維飲食好？得看貓咪當下的便祕狀況來選擇適合的纖維含量。目前建議提供給便祕貓咪的低殘留飲食中，是以低飲食纖維含量為主。

雖然這類飲食中的纖維含量不高，但不代表它們沒有纖維，而是適量的混合可溶性纖維和非可溶性纖維。混合性纖維（如洋車前子、甜菜漿和大豆纖維等）可以增加生活在腸道內細菌的健康，並防止有害細菌進入腸道。

a. 具有發酵能力的「可溶性纖維」，在腸道內發酵後產生的短鏈脂肪酸，除了提供腸道細胞能量以及抗發炎作用外，還能刺激結腸平滑肌收縮。此外，可溶性纖維（如洋車前子）遇到水會產生凝膠，可以增加糞便中的含水量，使糞便軟化。

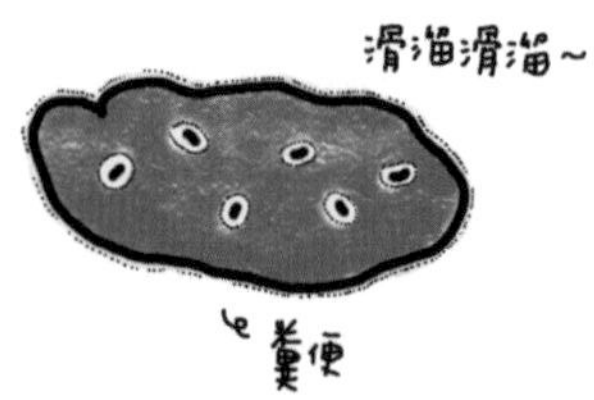

◀ 可溶性纖維遇水產生凝膠，使糞便較為溼潤、膨鬆

b.「非可溶性纖維」（如豆類或穀類）會增加糞便的體積，但不會增加糞便中的水分含量。在輕微便祕的貓咪，增加的糞便體積可以有效刺激結腸收縮；但在嚴重便秘或腸道蠕動功能差的貓咪，糞便體積過大反而會惡化腸道蠕動能力。

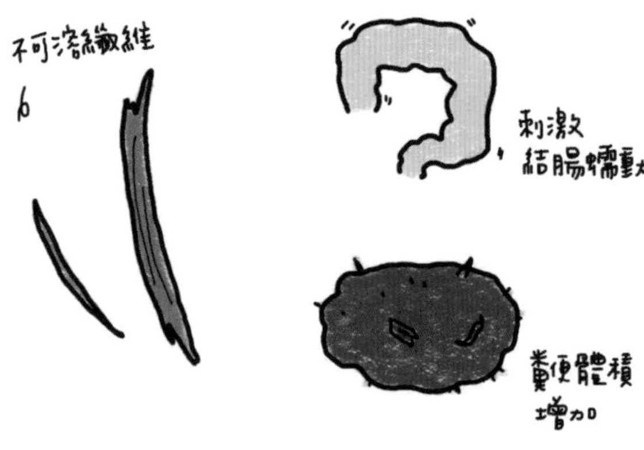

▲ 非可溶性纖維對便秘有利也有弊

總結來說，不同程度的便祕，給予不同特性和比例的纖維，才能有效控制疾病狀況。

例如，結腸蠕動功能正常的便祕貓咪，給予較高含量的混合性纖維，可以軟化糞便和促進腸道蠕動；結腸蠕動功能受損、或已確診巨結腸症的貓咪，給予低纖維含量的低殘留飲食，可以減少糞便的產生。

當巨結腸症的腸道完全喪失蠕動功能時，則需要考慮結腸切除手術。如何知道結腸蠕動功能是否正常？或已有巨腸結症？當然還是要經由醫生來評估了！

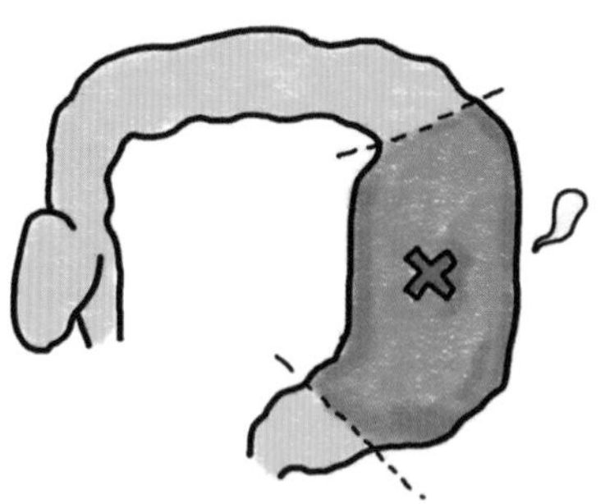

◀ 巨結腸症時，無功能的腸段可考慮手術切除

此外，飲食中的非可溶性纖維含量較高，會降低糞便的保水性，如果貓咪有脫水狀況時，會惡化便祕狀況，因此在給予這類高纖飲食時，要讓貓咪攝取足夠的喝水量。給予飲食是為了改善貓咪的身體狀況，但在不確定的情況下，可以先與醫生討論後再給，才不會造成治療效果差、還惡化了疾病狀態。

除了給予貓咪低殘留物飲食之外，少量多餐的飲食習慣對於促進結腸蠕動也會有幫助，可以減少腸道的負擔，以及改善便祕狀況。其它能改善便祕狀況的因素，還包括體重控制、改善身體的脫水狀況，以及減少身體廢毛或毛球的累積。

當便祕貓的飲食管理目標：

① 好消化的「低殘留飲食」
- 蛋白質以動物蛋白為主
- 低纖維
  - 可溶性：1-5 % DMB
  - 不可溶（粗纖維）：7% DMB

② 溼食：飲食含水量75%以上.

ⓘ人ⓘ✦

運動及體重控制

貓咪絕育後，身體的代謝率會下降，再加上「茶來伸手，飯來張口」的生活習慣，養成了宅在家裡不愛動和肥胖的貓咪，這也可能會增加便祕的發生率。

因此，體重控制在一些肥胖的便祕貓咪是重要的。但想要增加貓咪的運動量來減重並不是件容易的事，只能試著在貓咪進食前先進行一些「狩獵遊戲」（如逗貓棒），或在進食後短暫行走幾分鐘，或許可以增加運動效果，減少肥胖和便祕的形成機會。

▲ 運動可以減少便祕發生的機會

ⓄㅅⓄ✦

減少貓咪吞入過多的毛球

毛球也是增加貓咪便祕發生的原因之一。在纖維的章節中也曾提到（P.087），野外貓咪在狩獵後會吃下獵物身上的毛、骨頭和韌帶等，這些都是無法消化的「動物性纖維」，當然這也包括了貓咪身上的毛髮。

當貓咪從飲食中獲得少量的纖維時，裡面含有的可溶性和非可溶性纖維有助於排便。

但如果舔入過多身上的廢毛，就會造成過多無法消化的「纖維」累積，進而增加糞便的體積，並惡化便祕的狀況。

因此，經常幫貓咪梳理掉廢毛，可以降低吞入過多廢毛與便祕形成的機會。

▲ 梳毛可以減少過多廢毛，降低便祕形成機會

ⓘ人ⓘ✦

增加貓咪喝水量

身體最主要的組成成分是水分。當身體的水分達到平衡狀態，糞便內的水分就會被保留，而不會被結腸吸收。脫水時，身體會試圖維持體內水分平衡，除了腎臟會濃縮尿液外（主要），結腸也會從糞便中吸取水分（少量），將水分留在體內，減少水分流失。

當糞便內的水分被結腸吸收後，自然容易產生乾硬的糞便。因此，可以藉由增加喝水量來維持體內水分的平衡，或是改善輕度的脫水狀況，像是給予濕食，或多放水碗在家中各處，以及少量多餐餵食，都可以增加貓咪喝水量（請參考 P.315 泌尿系統篇章）。

雖然增加貓咪的喝水量不一定能讓糞便變軟，但多喝水可以減少身體脫水狀況，以及維持糞便的含水量。

▲ 以濕食為主食或增加額外水分攝取，也能幫助緩解便秘

每當貓咪發生便祕問題總讓人覺得困擾不已，看著貓咪反覆用力的蹲廁所，吃不下也坐不住的樣子令人好心疼！

甚至有些家長會想自行幫貓咪浣腸，但這是非常危險的事情，建議還是要帶到醫院由專業的醫生來做，才不會對貓咪造成傷害。

當反覆便祕變成慢性狀態，就有可能會影響腸道的蠕動性（如巨結腸症），最後甚至必須要手術截掉一段無蠕動功能的腸道。因此，飲食管理在慢性便祕的貓咪來說是重要的關鍵因素。

在便祕還沒影響腸道蠕動功能前，利用飲食或改變生活習慣來矯正便祕狀況，就能讓貓咪擁有良好的生活品質。

▲ 浣腸是緩解便祕的方法之一
（請交由醫生處理）

3-2
脂肪肝（Feline Hepatic lipidosis）

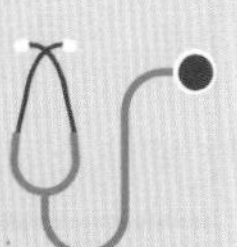

妹妹

10 歲，米克斯，絕育♀

妹妹是一隻橘白色米克斯貓，是很黏爸爸的小胖妹，有段時間爸爸經常出差不在家，某次回家後發現妹妹不吃不喝，還明顯變瘦，就帶妹妹到醫院檢查，發現了脂肪肝。住院一段時間後，妹妹持續緊張和不吃，醫師建議爸爸帶回家持續醫療照顧。妹妹在爸爸細心餵食和照顧下，身上的黃疸和不吃的狀況慢慢改善，幾個月後，又變回了健康的貓咪。

爸爸又再次出差…
怎麼還不回家?
5
…
6

妹~快吃飯了!
都瘦了…
不要!我要等爸爸回來
才要吃…
媽
7
一週後…
妹妹~
爸爸回來囉!
喵!
8

快吃吧!
是妳最愛的肉肉!
唔~想吃…
9
妹妹本來就胖胖的，
突然的不吃可能導致
脂肪肝了…
…
10

肝臟是一個重要的代謝器官，也是體內第二大器官。

它具有強大的儲備和再生能力，主要的任務是維持體內平衡、轉換身體需要的營養物質，以及清除體內廢物質、藥物和有毒物質的代謝過程，是身體重要的防禦系統。

▲ **肝臟的解毒功能**
（負責某些毒物及藥物的代謝）

此外，肝臟也參與食物中營養物質的消化代謝、合成（如白蛋白）和儲存（如肝醣）——因為這些複雜的生理作用，也有人形容肝臟是身體重要的化學工廠。當貓咪發生肝臟疾病或有肝臟功能障礙時，都會影響這些代謝過程。

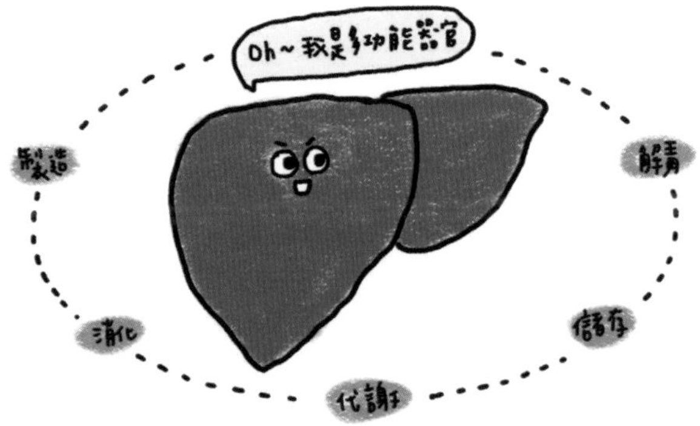

▲ **肝臟的功能**

肝臟與營養物質的消化代謝

身體在正常進食後，食物中的營養物質會在胃腸道中消化，接著被小腸絨毛吸收並由血液運送到肝臟，肝臟細胞會再將這些營養物質轉變成身體組織需要的物質或成分，並讓各個組織利用。因此，肝臟也是將營養物運送到全身各處的重要「轉運站」。

1. 蛋白質的製造和代謝

a. 身體蛋白質的製造

飲食蛋白質經由腸道消化分解成胺基酸，接著被送往肝臟。胺基酸會由肝臟轉化，並重新製造出身體需要的部分蛋白質（如血液中的白蛋白）。

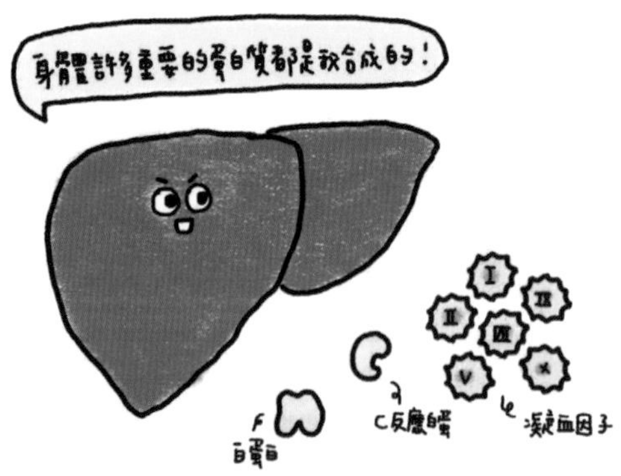

▲ 肝臟能合成許多生理上重要的蛋白質

b. 能量儲存

當飲食胺基酸超過身體合成的需求量時，多餘的胺基酸就會轉換成能量（如肝醣）儲存在肝臟中，以備不時之需。除了肝醣之外，維生素也會儲存在肝臟中。

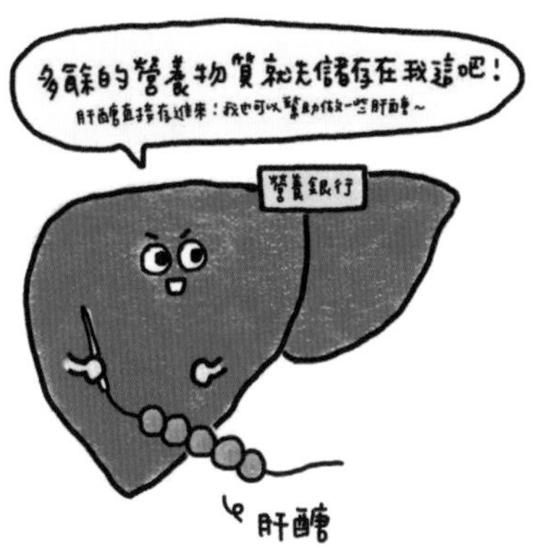

▲ 肝臟能儲存血液中多餘的能量

c. 含氮廢物的排泄

當食物中的蛋白質在胃腸道中被消化吸收後，大部分由腸道細胞吸收，並運送到身體組織利用；少部分未經完整消化的蛋白質及胺基酸到達大腸時，會被腸道內的細菌作用後產生氨。

加上體內胺基酸代謝產生的氨，這些氨會經由門脈循環運送至肝臟，進行尿素循環轉化成尿素（毒性低），再由腎臟產生尿液排出體外。但在肝臟功能衰竭的貓咪，尿素的轉化會減少，使得體內的氨增加，導致肝性腦病發生率提高。

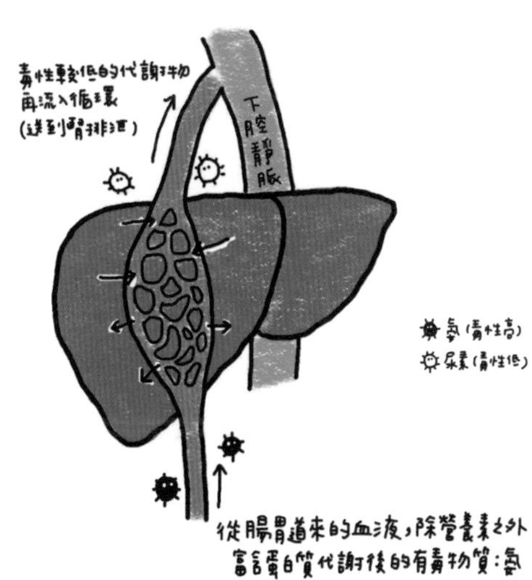

▶ 肝臟對氨的代謝
（肝獨特的血液循環：門脈系統）

d. 糖質新生作用

貓咪肝臟的糖質新生作用可以不停將胺基酸轉變成葡萄糖，所以能維持體內血糖的穩定，肝臟自然就不會儲存太多的肝醣；但這對貓咪來說也是缺點，當熱量或蛋白質攝取不足（如厭食）、肝醣儲存量又減少時，就會分解身體組織（如肌肉）來產生熱量，造成營養不良及體重減輕。

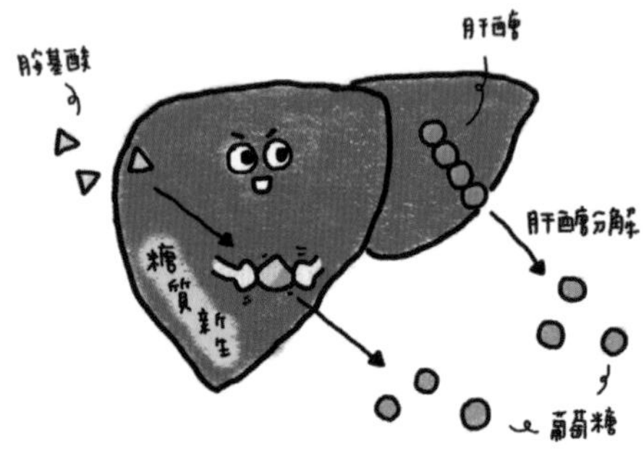

▲ 肝臟能藉由「糖質新生作用」及「肝醣分解」來維持／提高血糖

2. 膽汁製造和脂肪代謝

肝臟在脂質的合成和運輸中是不可或缺的，此外，肝臟製造的膽汁對於脂肪的吸收也很重要。肝臟細胞製造出膽汁，會經由微膽管運送到總膽管，接著儲存在膽囊內。當食物（尤其是脂肪）進入小腸時，膽囊就會開始收縮，使膽汁進入到十二指腸內，幫助食物中脂肪的消化吸收，以及脂溶性維生素 A、D、E 和 K 的吸收。

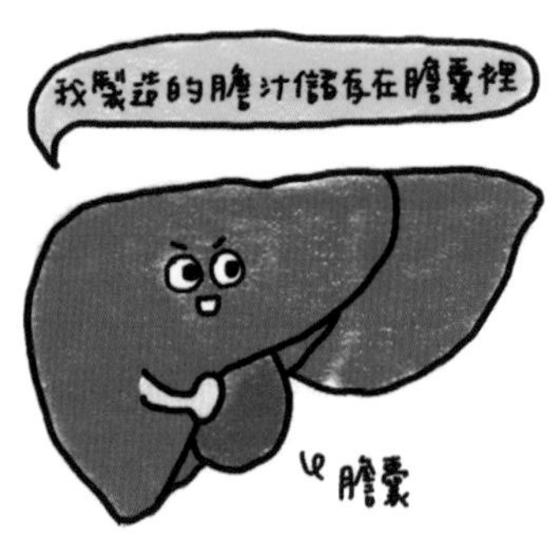

▲ 肝臟能製造膽汁，幫助脂肪消化

ⓘ人ⓘ✦

原因

脂肪肝是貓咪常見的肝臟疾病，沒有特別容易發生在哪個品種或性別，而發生的年齡也不同，約有5%的脂肪肝會發生在健康貓咪，這些貓咪大多有肥胖問題。

當有環境、家庭成員或飲食改變（如過度減肥和限制進食）等，這些改變的壓力可能會讓貓咪長期進食減少，造成**原發性脂肪肝**形成。而約有95%的脂肪肝是因為疾病造成貓咪長期進食量減少或厭食（如胰臟炎、糖尿病或癌症），引起**繼發性脂肪肝**形成，也是貓咪最常發生脂肪肝的形式。

因為貓咪的食肉特性，有些身體需要的營養物質必須從動物性飲食中獲得，尤其是必需胺基酸和必需脂肪酸。當貓咪在長期厭食的情況下會造成這些重要營養物質的缺乏，並引發身體的負能量平衡，最終導致脂肪肝的形成。

▲ 肥胖的貓咪不吃更容易脂肪肝

症狀

疾病初期大部分貓咪都不會有特別明顯的症狀，比較常見的是食慾降低、體重減輕、嘔吐和下痢、活動力降低，這些症狀在很多消化道疾病或是代謝性疾病幾乎都會出現，所以比較難在早期就透過症狀，發現貓咪可能有肝臟疾病的問題。

◀ 肝臟疾病初期通常很難發現症狀

因為沒有特殊症狀、症狀也不明顯，所以發現貓咪不對勁時，通常疾病狀態已經很嚴重了。當疾病進入末期階段，貓咪可能會出現厭食、腹部明顯變大，但背部和腿部肌肉減少，全身皮膚和尿液變成深金黃色（如黃疸），以及嗜睡的症狀。

◀ 黃疸貓咪

脂肪肝的形成及脂肪代謝異常

正常在禁食情況下，身體會開始分解脂肪組織形成脂肪酸，並經由血液運送至肝臟。脂肪酸在肝臟中會有兩個代謝途徑：一是在肝臟細胞中氧化分解產生能量（即 ATP）和少量酮體，二是在肝臟細胞中酯化為三酸甘油酯，並與載脂蛋白（Apoliporotein）結合成脂蛋白（如極低密度脂蛋白），再經由血液運送到需要熱量及養分的組織器官中。

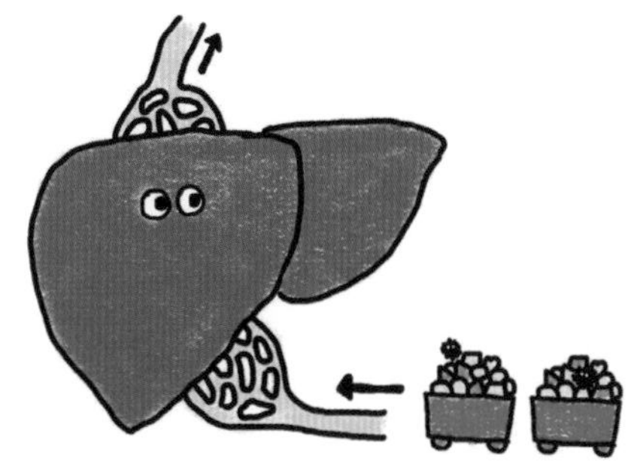

▲ 進食後，從腸道吸收營養物質的血液會先流向肝臟（肝門脈系統）

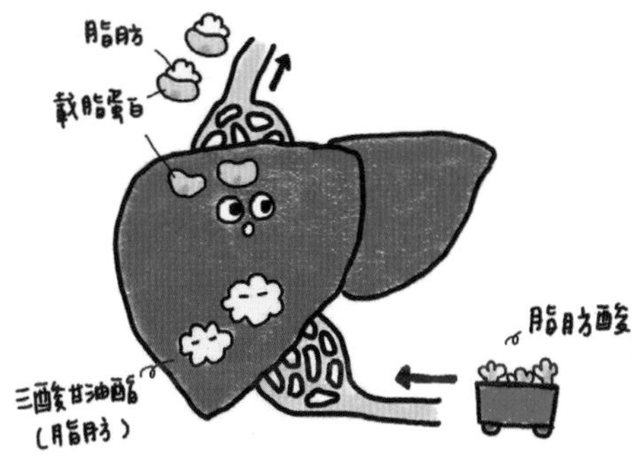

▲ 脂肪酸進入肝臟後，會合成「三酸甘油酯」（即脂肪），然後藉由「載脂蛋白」運出肝臟

1. 脂肪肝和厭食的相關性

當貓咪因為長時間進食減少或不吃，無法從飲食中獲得能量，肝醣的儲存又被耗盡時，身體只能分解脂肪和肌肉組織來獲得需要的能量。當脂肪組織分解出大量的脂肪酸，並經由血液運送進入肝細胞後，這些脂肪酸會轉變成三酸甘油酯。

因為三酸甘油酯的合成 > 排除，使得載脂蛋白無法負荷過多的三酸甘油酯的代謝，導致三酸甘油酯累積在肝臟細胞上並造成傷害，進而影響肝臟功能和膽汁排放，最終引發脂肪肝和膽囊疾病。

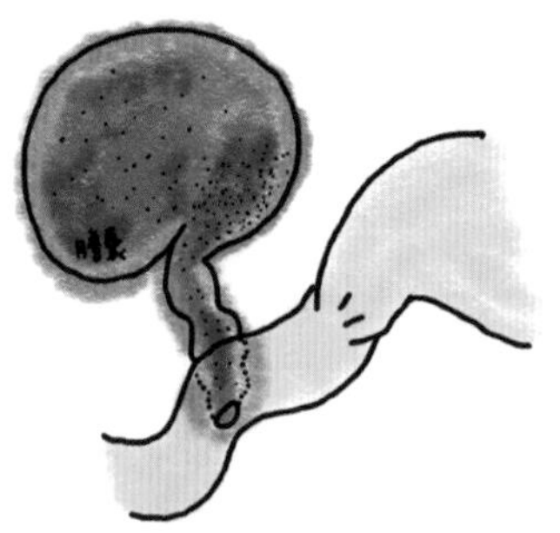

◀ 過多的脂肪蓄積在肝細胞上，造成肝臟腫大並影響膽汁排放，導致膽囊疾病

肥胖會讓貓咪在厭食期間容易出現脂肪肝，是因為身體儲存的脂肪組織較多，能快速分解大量脂肪酸提供能量來源，加上肥胖導致的胰島素抗性，也會增加體內脂肪分解，進而產生更多的脂肪酸，增加了脂肪肝形成的機會。

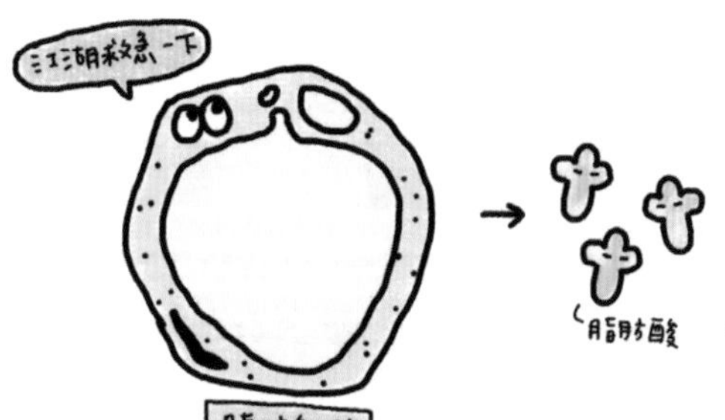

◀ 久未進食，血中的葡萄糖不足，身體會分解脂肪成脂肪酸（作爲身體能量使用）

2. 肝臟代謝脂肪酸能力降低

前面也提過，在長期厭食的情況下，身體會大量分解脂肪組織產生脂肪酸，加上肝臟從頭合成脂肪酸（De Novo Synthesis of Fatty Acid）而造成更多脂肪酸的產生。肝臟能夠氧化分解脂肪酸的能力有限，而肝臟內的載脂蛋白也來不及去處理這麼多轉換後的三酸甘油酯，導致大量堆積在肝細胞內，造成肝臟腫大及損害肝臟功能，如果沒有及時治療脂肪肝，最後會導致各種併發症及貓咪死亡。

脂肪肝和蛋白質代謝異常

食肉特性的貓咪飲食中必須要有蛋白質，加上肝臟在飲食蛋白質的代謝上缺乏靈活性而無法保存胺基酸，因此當貓咪長期進食量減少，為了維持高量蛋白質需求和代謝，就會開始分解身體的肌肉，以維持體內蛋白質的周轉需求。

◀ 肝臟內的載脂蛋白的原料是由飲食供應，因此當既有的載脂蛋白消耗殆盡，脂肪的運輸將停擺

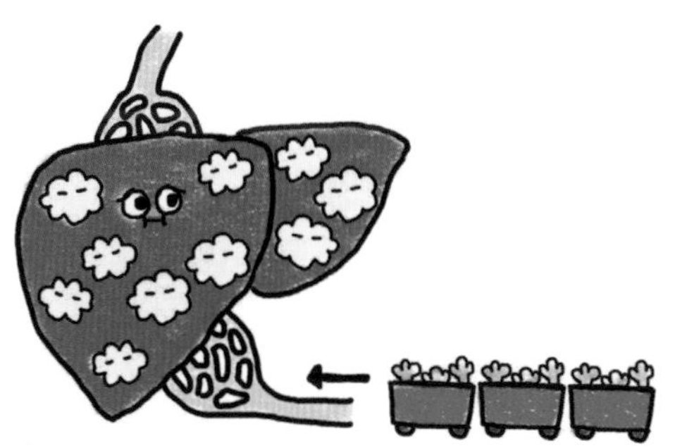

◀ 最後運不出去的脂肪累積，形成脂肪肝

厭食除了會造成身體組織的分解消耗，也會造成特殊必需胺基酸的缺乏，而加劇脂肪肝的狀況。例如，缺乏飲食中的精胺酸使肝臟尿素循環被中斷，損害將氨分解為尿素的能力，最終導致高血氨症。而缺乏來自飲食的牛磺酸，除了會造成視網膜和心臟疾病之外，還會影響肝臟膽汁酸的結合，以及增加肝臟中游離脂肪酸的含量。

長期下來，會造成脂肪肝貓咪營養不良、體重減輕，以及身體肌肉消耗等狀況發生。此外，還會不利肝臟細胞的再生和修復、降低身體免疫反應、增加肝性腦病以及死亡的機會。

**▲ 如長時間身體飢餓，肌肉會分解，
提供蛋白質（和氨基酸）以維持身體機能**

脂肪肝的營養管理

考慮脂肪肝貓咪要如何給予飲食前，必須先詳細、完整的評估貓咪狀況，如體態和身體肌肉狀況、營養習慣、疾病狀態（如有無併發症）以及需要的飲食熱量等，因為每隻貓咪的狀況不同，需要的飲食和營養比例就會不同。

營養物質和熱量需求

「吃」在脂肪肝貓咪的治療上很重要！不但要吃得均衡、營養，還要攝取到足夠的熱量，因為「不吃」只會讓體內熱量和營養不平衡的狀況更惡化。那麼，「吃」在脂肪肝貓咪的幫助有哪些？

1. 減少脂肪酸的產生

脂肪肝的貓咪由於長期厭食，加上疾病造成的代謝分解狀況，所以在熱量需求上可能比正常每日能量需求還要高。當飲食中的脂肪和碳水化合物提供的熱量能滿足身體需求時，就不需要再從分解身體脂肪組織來取得，而能減少脂肪酸過度產生。

2. 滿足體內蛋白質需求及維持體重

當貓咪攝取到足夠的每日能量需求時，飲食中的脂肪和碳水化合物作為主要的熱量來源，而蛋白質就可以作為身體蛋白質合成更新之用；如此一來，能減少身體肌肉組織的分解代謝，進而維持或增加體重，或作為受損肝臟細胞的修復及再生使用。此外，還能提供貓咪足夠的必需胺基酸，減少因缺乏必需胺基酸造成的疾病惡化（如肝性腦病）。

3. 增加飲食熱量密度，緩解相關症狀

增加飲食中脂肪的含量，對於食慾降低且體重過輕的脂肪肝貓咪是重要的熱量來源，除了可以提高食物的能量密度，也能增加適口性。此外，增加飲食能量密度相對可減少貓咪必須攝取的食物量，同時減少脂肪肝貓咪的噁心感和嘔吐。

▲ 肝臟、膽囊疾病的症狀包含發燒、嘔吐及拉肚子等，長期下來也會導致體重下降

一般而言，脂肪肝貓咪的飲食比較建議高量蛋白質（ >40%ME ）加上少量的碳水化合物（<20%ME），其餘不足的熱量再用脂肪來補足。雖然是建議高蛋白質飲食，但不代表每隻脂肪肝貓咪都適合高蛋白質飲食，營養物質比例還是要根據貓咪身體狀況和併發症等來決定如何給予。

提供高熱量、易消化吸收的飲食，除了能減少身體熱量和蛋白質不平衡的問題，還能維持並讓身體恢復到理想狀態。

高蛋白質／低碳水化合物飲食對脂肪肝貓咪的好處

- 在肥胖的脂肪肝貓咪有助於穩定血糖，控制體重
- 減少身體肌肉的分解，增加體重
- 增加熱量攝取，減少身體脂肪分解，以降低肝臟中三酸甘油酯的蓄積

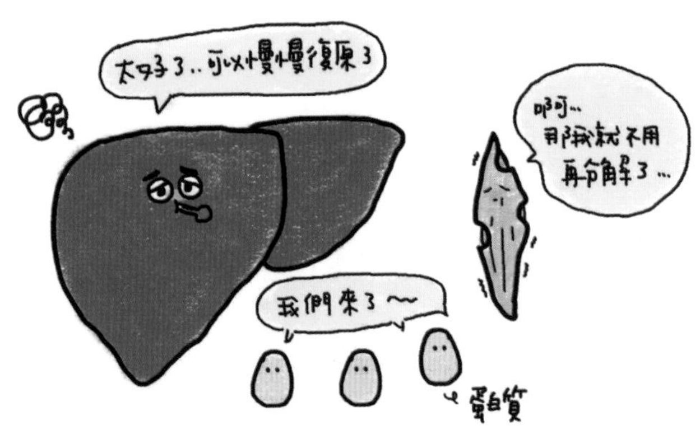

▲ 補充高量蛋白質提供能量及原料，並減少肌肉分解

有其它併發症的脂肪肝貓咪，除了要治療原發性疾病外，飲食的選擇上也必須根據目前狀況給予適當飲食。例如，合併胰臟炎的脂肪肝貓咪，或許給予胃腸道飲食比較適合，除了好消化吸收的蛋白質，也有助於減輕胃腸道症狀，飲食能量密度和適口性都對疾病有幫助。

飲食除了需要留意熱量和蛋白質外，具發酵的可溶性纖維可促進嗜酸細菌（如乳桿菌）的生長，這些細菌產氨效果較差，因此可以降低腸道的 pH 值。腸道 pH 值下降會使氨轉變成銨離子形式，就不會被腸道吸收而排到糞便中，有助於預防肝性腦病。

▲ 維持排便順暢也是減少血氨生成的方法

Q & A

Q、所有類型的肝臟疾病都適合高蛋白質或高脂肪飲食嗎？

A、不是。在肝性腦病的貓咪不建議高蛋白質飲食，過多或是不易消化吸收的飲食蛋白質，會讓體內產生更多的氨，導致疾病狀況惡化。

限制蛋白質飲食（最少要 26% DM），並且是易消化蛋白質，才能減少氨的產生，此外，這類飲食中需要有植物性蛋白質（如大豆）來代替肉類蛋白質，因為植物性蛋白質的含氮量相對比肉類蛋白質低，對疾病有幫助。

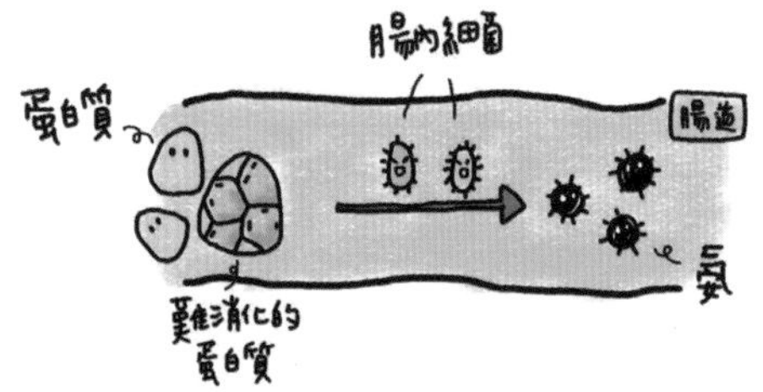

◀ **過多或不易消化的蛋白質，會在腸道中被細菌產生有毒的氨。**

而有膽道阻塞的肝病貓咪不建議高脂肪飲食。高脂肪飲食會刺激膽囊收縮，可能會惡化膽管阻塞的狀況，加上肝膽疾病貓咪的脂質代謝受到損害，飲食中脂肪過高可能導致拉肚子，以及更嚴重的營養缺乏。雖然目前沒有明確建議膽道阻塞疾病貓該攝取多少脂肪，但飲食中脂肪含量低於 15% DM，或許較適用於阻塞性膽汁鬱積的貓咪。

◀ **高脂肪的飲食會刺激膽囊收縮**

小知識✦

強迫餵食與餵食管餵食

脂肪肝的貓咪會因厭食而造成身體能量負平衡，以及營養不良，要改善這樣的狀況，必須想辦法讓貓咪進食。開始進食後，才能由飲食熱量來取代身體組織分解產生的熱量，停止分解身體組織，以減少脂肪酸的產生和體重持續減輕的問題。

大部分家長會先嘗試強迫灌食（對於在貓咪身體上裝個餵食管一時之間較無法接受），但貓咪常在看到要灌食的動作時，就出現大量流口水和噁心反胃的症狀，反而造成貓咪的壓力和排斥感。

為了避免貓咪排斥進食，並能在更早期就接受足夠營養支持、加速疾病恢復，或許可以和醫師討論是否需要放置餵食管，以及相關的照顧方式。餵食管的營養給予可以讓貓咪在短時間內接受足夠營養，待穩定到能自己進食後，可以將餵食管拆掉；如果貓咪不排斥強迫餵食，每天的餵食量也能達到需要量，也可以考慮不放餵食管。

很多人擔心放置餵食管會影響貓咪進食的意願，其實並不會影響！就算有餵食管，當貓咪有食慾時，仍會自己主動進食。餵食一段時間後，貓咪也許會開始想要吃東西，這時可以嘗試給一些平常愛吃的食物；但如果仍對食物沒興趣，就必須持續以餵食管給予營養。

餵食長時間不吃的脂肪肝貓咪時，也要留意再餵食症候群（Refeeding syndrome），這大多發生在長期厭食或嚴重營養不良貓咪重新餵食後發生的致命性代謝紊亂；因此醫生會幫貓咪制定餵食計畫，並花上幾天的時間，把貓咪需要的餵食總量慢慢增加，降低併發症的形成。

靠餵食管食進食的貓咪，餵食期間可能需要 3 至 8 週或更長時間，因此，面對脂肪肝的治療，必須有足夠的耐心和細心去照顧貓咪。

接受藥物和營養治療後，脂肪肝的狀況會慢慢恢復正常。不過，如果貓咪的脂肪肝是因為其它疾病（如胰臟炎）引起，這時就必須同時治療引起脂肪肝的主要疾病。此外，疾病可能會隨時發生變化，最好能定期回診確定狀況，並與醫生討論、調整治療方式，對於疾病恢復才最理想。

其它營養物質

前面提過肝臟在體內有許多重要的功能，尤其是體內的新陳代謝和解毒作用，所以肝臟細胞特別容易受氧化壓力的損傷，因此它們具有自我保護的能力。

但在受傷、嚴重感染或是發炎時，肝臟的自然防禦能力可能無法承受這些傷害造成的負荷。因此，營養管理（如抗氧化劑）在早期肝膽疾病可以提供肝臟細胞保護作用，減少肝臟細胞的氧化損傷、發炎和纖維化，使肝臟細胞免於死亡。此外，也可以增強膽汁流動，減少膽汁瘀滯的傷害。

1. 左旋肉鹼（L-carnitine）和牛磺酸（Taurine）

♦ 左旋肉鹼

肝臟功能障礙會引起脂肪代謝異常（尤其是脂肪肝），造成酮體（Ketone body）的產生。左旋肉鹼有助於組織利用酮體和脂肪酸作為能量，或減少肝臟產生酮體，改善身體的脂肪代謝，以及預防脂肪肝。

♦ 牛磺酸

牛磺酸對貓咪而言是重要的營養物質，因疾病而厭食的貓咪可能會減少牛磺酸的攝取，而損害與膽酸結合，影響脂肪的消化。因此，可以在飲食中額外添加牛磺酸。此外，額外添加牛磺酸也能促進膽汁分泌，對於沒有膽道阻塞的貓咪是有益的。

2. 腺苷甲硫氨酸（S-Adenosylmethionine; SAMe）

SAM-e 可以減緩肝臟疾病惡化的速度、改善膽汁淤積，以及增強肝臟細胞的功能和再生能力。大部分的肝臟疾病都可以使用 SAMe，但在可能發生肝性腦病的嚴重情況下要小心使用。

3. 維生素 B12

有肝臟疾病時，儲存在肝臟中的維生素 B 的可利用性和儲存狀態會改變，容易造成維生素 B 缺乏（尤其維生素 B12），若脂肪肝貓咪同時又有胃腸道症狀，要補充維生素 B。

不管是哪一種肝臟疾病的營養物質，都建議在醫生建議下給予，因為不一定所有的肝膽疾病都適合這些營養物質。此外，雖說是營養物質，但補充過量也可能會造成身體危害，因此給予前一定要與醫生討論，根據病情調整，對貓咪的病情幫助才有加乘效果。

3-3
胰臟炎（Feline pancreatitis）

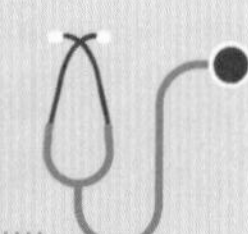

奶油

10 歲，波斯貓，絕育♀

一週前食慾開始慢慢減少，偶爾會吐未消化的食物或透明液體。精神也比較差，睡覺時間明顯變長。幾天後就不怎麼吃飯和喝水，也不太喜歡被摸肚子，吐的頻率也變高。

經過檢查後發現是胰臟炎就住院治療，出院後除了藥物治療，也持續給予胃腸道飲食。

胰臟與其它消化道器官相比雖然相對較小，但卻是一個很重要的器官。胰臟是體內唯一同時具有內分泌和外分泌功能的器官。

胰臟的**內分泌功能**是指胰臟的蘭氏小島分泌的胰島素，胰島素能將血糖維持在恆定的範圍內，並讓身體細胞能利用葡萄糖作為能量來源。當胰島素分泌異常時，就容易造成糖尿病（見 P.229 糖尿病章節）。

外分泌功能是指胰臟分泌到十二指腸的胰液，胰液有助於食物的分解和消化。在這個章節，主要是在討論胰臟的外分泌功能。

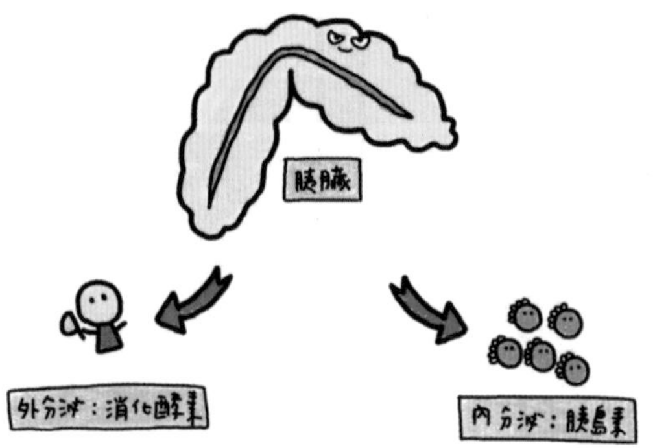

▲ 胰臟兼具外分泌及內分泌的功能

胰臟分泌的胰液會經由胰管到十二指腸，而胰液中的多種消化酶主要是在分解食糜中的蛋白質、碳水化合物和脂肪，讓這些營養分子變更小，方便被腸道絨毛吸收。

此外，當胃裡的酸性食糜被運送到十二指腸時，胰臟分泌的胰液中含有大量的碳酸氫鹽，主要是用來中和酸性食糜，除了有助於調節腸道內的 pH 值、保護十二指腸之外，還能為消化酶提供良好的工作環境。如果沒有胰消化酶的存在，那麼食物的消化吸收功能就會受到嚴重影響！

胰液的排出途徑

在了解胰液對營養物質的消化作用前，先簡單認識貓咪胰液的排出途徑。當食糜由胃進入十二指腸後，此時膽囊就會開始收縮並釋放膽汁，而胰臟也會分泌胰液；膽汁和胰液分別由總膽管和胰管進入十二指腸，幫助消化食物。

而貓咪的總膽管和胰管結構和狗狗有些不同，狗狗的胰管和總膽管會有**各自的通道和開口**進入十二指腸；而貓咪的胰管和總膽管最後則會**匯集成一條通道**，所以胰液和膽汁會由同一個開口，一起進入十二指腸中。

因為膽管和胰管的開口同在十二指腸上，加上貓咪腸道的細菌群量也比狗狗高，當貓咪頻繁嘔吐時，可能會增加胰管和膽管逆流的機會。胰管和膽管發生逆流，細菌、膽汁和活化的胰消化酶就會混合進入胰管和膽管，增加胰臟炎或／和膽管炎的發生。

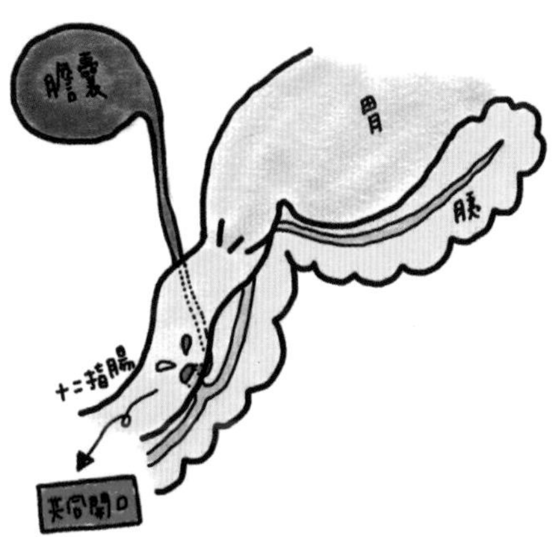

▲ 貓咪的胰管及總膽管經由同一開口排入十二指腸

食物中的成分是影響胰臟分泌胰液的重要關鍵。當貓咪進食後，食物中的蛋白質和脂肪酸，會促使腸道合成促胰泌素（Secretin）和膽囊收縮素（Cholecystokinin; CCK）兩種激素（也就是荷爾蒙）。促胰泌素會刺激胰臟分泌胰液，而膽囊收縮素會刺激膽囊收縮和排放膽汁，以及延遲胃排空速度，以幫助食糜中營養物質的消化。

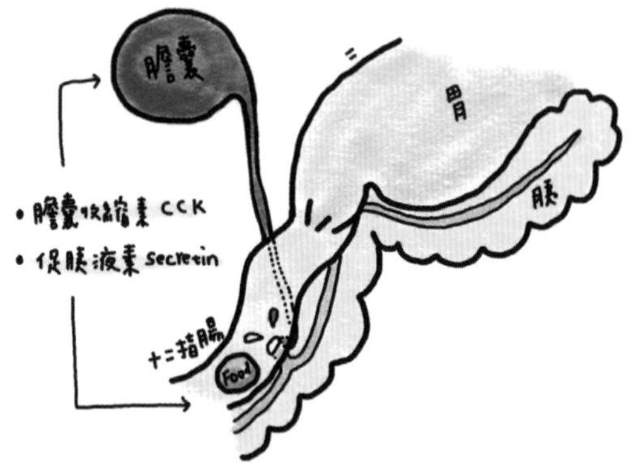

▲ 食物會刺激激素的合成，以利消化進行

原因

胰臟分泌的胰液中含有多種消化酶，這些消化酶具有很強的消化作用，而胰液中的胰蛋白酶，不管是食物中的蛋白質，還是身體組織的蛋白質都會被消化。因此，在胰臟尚未分泌胰液之前，這些消化酶是呈現不活化狀態，並不會直接與胰臟組織接觸。

當食糜由胃進入十二指腸時，會刺激胰臟分泌胰液，此時胰液中的消化酶還是未活化狀態，直到進入十二指腸後，消化酶才會活化。但這些消化酶如果在胰臟中就開始活化，就會導致胰臟組織損傷，進而造成胰臟炎的發生。

▲ 一般情形下，胰臟中的消化酶是不活化的狀態

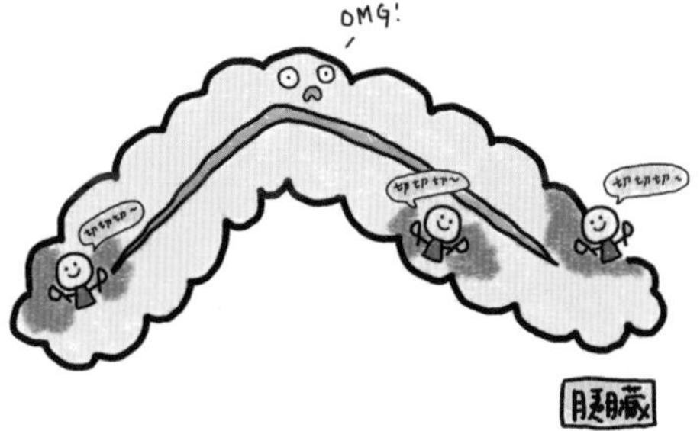

▲ 若胰蛋白酶在胰臟就開始活化，會使其組織受損

症狀

貓咪胰臟炎發生的原因到目前還是未知，沒有特定的年齡、性別或品種容易引起胰臟炎發生，大部分都是「自發性」。不過，在某些疾病發生時（如炎症性腸病、肝臟或膽囊疾病、糖尿病等）也可能會增加胰臟炎的發生機會。

◀ 目前貓咪發生胰臟炎仍未有明確原因

貓咪胰臟炎的症狀變化很大，有些貓咪可能沒有明顯症狀，只是比較嗜睡；有些則會出現疾病常見的症狀，如厭食、嘔吐等，但症狀嚴重時可能會導致貓咪急性休克或死亡。一般而言，胰臟炎會出現的症狀和嚴重程度，大部分還是取決於胰臟組織受損的程度。

▲ 胰臟炎的症狀較常見的是嘔吐或噁心、無食慾

治療胰臟炎貓咪需要先空腹？

記得我剛當醫生時，治療胰臟炎被交代的第一件事就是「禁食」，也就是空腹。空腹目的主要在控制嘔吐症狀，持續性嘔吐會讓貓咪無法進食，也會增加吸入性肺炎的發生。此外，空腹 24 至 48 小時，可以讓胰臟「休息」，減少營養物質對胰臟的刺激，以及減少消化酶的分泌。

但是，與狗狗的胰臟炎相比，貓咪胰臟炎較少會發生嘔吐的症狀，反而是厭食比較常見。當胰臟炎的貓咪長時間不進食，除了會增加脂肪肝、營養不良和免疫力下降的發生機率外，腸道粘膜的完整性和蠕動性也會變差，進而增加腸道內細菌移位和感染的機會。

因此，當胰臟炎的貓咪沒有嘔吐，但有體重減輕或不吃的狀況時，會建議及早和醫生討論貓咪的治療方式以及營養管理（如食物給予的種類和總量）計畫，這樣才能有效預防和治療胰臟炎，以及後續會出現的併發症，避免貓咪身體的狀況變得越來越糟。

▲ 如果不嘔吐就儘快給予營養支持

ⓘ人ⓘ✦

貓咪長時間不進食對腸道的影響

當貓咪正常進食時，腸道內的細菌群會幫助營養物質的吸收；如果貓咪身患疾病（如胰臟炎、脂肪肝等）同時又有胃腸道症狀存在時，腸道的消化吸收功能可能會因此受到損傷。

因為胃腸道症狀加上長時間不進食，容易造成腸道絨毛的長度變短 *1；同時增加腸道內細菌移位 *2 的風險，導致營養吸收障礙和增加體內感染的機會。

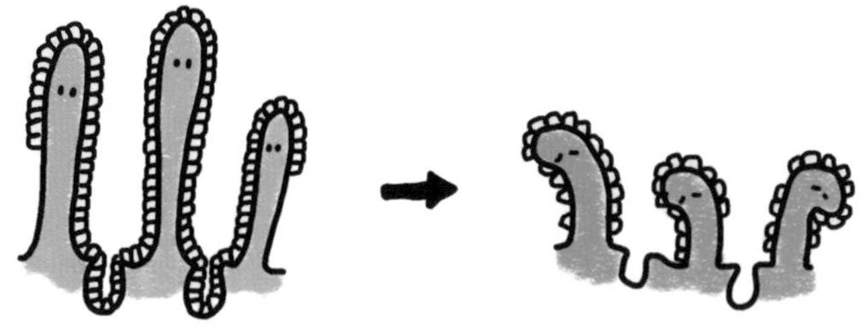

▲ 長時間不進食時，腸絨毛會萎縮變短

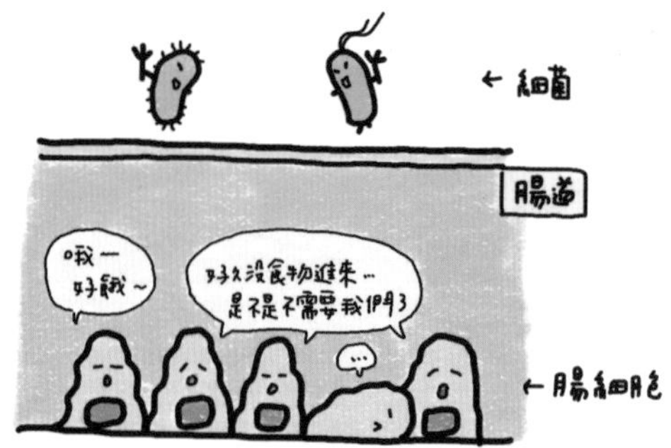

▲ 長時間未進食將使腸細胞萎縮，
並容易使菌叢改變或是受壞菌感染

因此，在疾病導致貓咪不吃時，只要沒有嚴重的嘔吐症狀，大部分的醫生都會建議在短時間內讓貓咪恢復進食，提供身體營養，並讓腸道正常運作。

不管是貓咪自己願意進食，或是放置餵食管餵食，「少量多餐」餵食對於維持小腸消化酶的活性和正常腸道絨毛形狀，以及降低細菌移位都是有幫助的。

*1 小腸絨毛：
是營養物質吸收的主要組織。絨毛高度與腸道細胞數有關，只有成熟細胞才具有吸收養分功能；當絨毛變短時，成熟細胞少，腸道養分吸收能力就會變差。

*2 腸道細菌移位（Bacterial translocation）：
正常時，腸道黏膜屏障可有效阻擋腸道內細菌和毒素向腸腔外移位；但當腸道受損時，腸道內的有害細菌會穿過腸黏膜屏障，侵害正常無菌的組織和器官。

ⓘ人ⓘ✦

胰臟炎和飲食管理

胰臟炎貓咪的治療，除了支持性治療（如補充脫水、改善電解質不平衡，及給予止吐、止痛藥物等）外，營養管理也是重要的一部分。

該給胰臟炎貓咪吃什麼，才能對疾病有幫助？目前在胰臟炎貓咪的飲食上，仍沒有明確的答案。大多建議提供足夠且均衡營養物質的飲食為主，讓受損的組織能夠修復和恢復，並同時減少胰臟的刺激，以及併發症的發生。

此外，貓咪的胰臟炎容易與其它胃腸道疾病同時發生（如膽管性肝炎、炎症性腸道疾病），因此在飲食選擇上大多以好消化、好吸收為主，像是胃腸道、水解蛋白或新型蛋白質的飲食，這些飲食對疾病恢復或控制上是有幫助的。

1. 蛋白質

當貓咪發生胰臟炎時，受損的胰臟功能會影響營養物質（如蛋白質）的消化和吸收，再加上厭食是胰臟炎貓咪常見的症狀，這些都會增加身體蛋白質（如肌肉）的消耗，以及惡化身體營養不良的狀況。所以，厭食的貓咪會需要較高量的蛋白質來維持體重、從疾病狀態恢復，以及修復身體的組織。

一般胰臟炎貓咪的飲食蛋白質建議量為 30 ～ 40% DM。除了飲食中要含有高量的蛋白質之外，蛋白質的質量也很重要。優質蛋白質（如肉類和豆類等）屬於高質量和易消化的蛋白質來源，同時也含有較完整的必需胺基酸比例，對於疾病恢復是重要的營養物質。

雖然高蛋白質飲食對於厭食或營養不良的胰臟炎貓咪有益，但飲食蛋白質也會刺激胰臟分泌胰液，所以高量的蛋白質飲食可能會增加對胰臟的刺激。因此，當貓咪開始恢復正常的熱量攝取後，或許會需要稍微降低飲食蛋白質的含量。

至於胰臟炎的貓咪需要攝取多少飲食蛋白質才適當？這還是得根據當下身體和疾病狀況，以及有無併發症等，來選擇適當比例的蛋白質。

2. 脂肪

胰臟炎除了會損害貓咪身體對食物中蛋白質的消化吸收外，脂肪的消化吸收也同樣會受到影響，因此，當貓咪處於厭食狀態，可以給予較高脂肪的恢復期飲食。

這是因為如果貓咪每天進食量少於維持能量需求時，高脂肪飲食可以在短時間內快速提供較多熱量，讓身體可以得到足夠的能量。雖然提高了飲食脂肪含量，但身體實際能消化吸收的脂肪量，可能還是會比正常時少喔！

當貓咪的進食量達到每日的維持能量需求後，飲食中脂肪的含量就可以依據狀況來調整。例如貓咪的飲食習慣、是不是同時有其它的併發症、貓咪的體態是過胖還是偏瘦、疾病狀況是急性或慢性等等，這些都是在選擇飲食脂肪含量時，必須考慮的問題。

Q & A

Q、脂肪限制對於貓胰臟炎重要嗎？

A、我們都知道貓咪是食肉性動物，飲食中除了蛋白質需求高，脂肪需求也不低，這與狗狗剛好相反。有胰臟炎的狗狗，限制飲食中的脂肪是為了降低飲食脂肪對胰臟的刺激，但這似乎不太適用於貓咪。

目前對於胰臟炎貓咪飲食中脂肪含量需要多少仍是不明確的。有研究指出，貓咪胰臟炎的發生與高脂肪飲食沒有正相關性；再者，除了脂肪，蛋白質也能刺激膽囊收縮素分泌，進而促進胰液分泌，所以單單只是限制飲食中的脂肪在胰臟炎的控制上不一定有幫助。但是，如果貓咪的身體有其它需要限制脂肪的狀況時，當然就不建議給予高脂肪飲食。

因此，除了身體狀況需要限制飲食脂肪的含量之外，胰臟炎貓咪並不建議給予低脂肪的飲食。

◀ 貓咪爲肉食動物，對脂肪的要求也不低

每隻胰臟炎貓咪的狀況都不一樣，要根據貓咪的身體狀況，在與醫生討論後選擇適合的飲食脂肪含量。舉例來說：

- 胰臟炎貓咪同時有肥胖、糖尿病、膽道阻塞或是炎症性腸道疾病時，給予高脂肪飲食可能延長胃排空時間，或增加胰島素抗性，而惡化疾病狀況，因此需要適度降低飲食中脂肪含量，以減少惡化併發症的機會。

但是貓咪不適合長期給予低脂肪飲食（約 15% DM 以下）在疾病控制穩定後，還是要視情況調整飲食脂肪含量。

◀ 肥胖的胰臟炎貓
建議低脂飲食

- 胰臟炎的貓咪同時有腎臟疾病時，中度脂肪含量（20～25% DM）的飲食可以降低蛋白質的含量，減少腎臟負擔。
- 體態偏瘦或是厭食的胰臟炎貓咪，中度至高量脂肪飲食會比較適合，因為脂肪含量較高的飲食，可以讓過瘦或是厭食的貓咪較容易攝取到足夠的熱量。

不管胰臟炎是與何種疾病同時併發，或是貓咪的體態狀況如何，建議都還是要經由醫生評估過後，再決定給予多少含量的飲食脂肪！這對於胰臟炎貓咪的飲食管理是較好的方式，也可以減少不當的飲食脂肪造成更嚴重的狀況發生。

3. 纖維

胰臟炎的貓咪需要高消化性飲食，所以飲食中的纖維含量就需要低一些。如果飲食中的纖維含量過高會造成貓咪不容易消化，加上纖維中含有的熱量相對比其它營養物質（如蛋白質、脂肪）低，因此高纖維飲食對胰臟炎的貓咪並不是首選的飲食。

胰臟炎貓咪飲食的粗纖維含量建議約為 5% DM，甚至更低。不過，如果是體態較為肥胖的貓咪，在胰臟炎控制穩定後，可以增加飲食纖維含量，以降低熱量攝取並增加飽足感，達到體重控制的效果。

4. 維生素 B12

1-4 的章節中有提到，貓咪必須從飲食中攝取維生素 B12，身體無法自行產生。所以，當貓咪因為胰臟炎引起厭食時，會造成攝取減少，如果同時又併發胃腸道症狀，有可能導致腸道內的細菌（尤其是致病性）過度增殖，這些細菌會和維生素 B12 結合，影響體內維生素 B12 的吸收而造成缺乏。所以，當胰臟炎貓咪的血清 B12 值偏低時，通常都會建議要額外補充維生素 B12，以防止維生素 B12 缺乏。

營養給予的方式

如果貓咪超過三天以上不吃不喝，除了身體會有脫水狀況，也可能會增加脂肪肝形成的機會。所以診斷出貓咪有胰臟炎後，只要沒有嘔吐症狀，都應該要盡快給貓咪進食以補充營養。與脂肪肝一樣，厭食的胰臟炎貓咪如果非常排斥以口餵食（強迫灌食），就要選擇其它方式（如放置餵食管）。每天以口灌食讓貓咪吃到足夠的量不是件容易的事，甚至可能會引起貓咪對食物的反感。

◀ **非常排斥以口灌食的貓，裝置餵食管是好的選擇**

前面提過長時間不吃會對腸道造成改變和負面影響，如何在短時間內重新建立營養計畫並提供適當的飲食，對胰臟炎的貓咪來說非常重要。如果貓咪不願意自己進食，或是非常抗拒餵食，放置餵食管會是優先考量，它可以減少這些不利於身體恢復的改變，家長自己在家餵食也相對會容易一些。

對於幫貓咪放置餵食管，很多家長都有不好的觀感，但放置餵食管目的是在短時間內提供並維持貓咪身體的營養狀況，減少因營養不足而惡化疾病，所以，當貓咪開始自己進食後，可以將餵食管從身上移除，千萬不要覺得放置餵食管很可怕而耽誤重新建立貓咪身體營養的時機，讓疾病變得更加嚴重！

貓咪的胰臟炎無論是在診斷或治療上都非常具有挑戰性，目前也還沒有一致的最佳營養治療方式。所以，胰臟炎貓咪的飲食控制除了針對胰臟本身疾病（如疾病的嚴重程度、急性或慢性），同時也要考慮有無併發疾病。

此外，不要認為胰臟炎貓咪只能吃低脂肪食物，或只適合吃一種食物，而是要根據醫生的診斷和貓咪的身體狀況，詳細討論後決定適合的飲食計畫，並預防或同時治療併發症，才能讓疾病得到良好的控制與恢復。

3-4
糖尿病（Feline Diabetes mellitus）

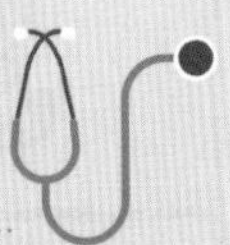

胖胖
9 歲，摺耳貓，絕育♂

胖胖是一隻體態肥胖的貓咪，除了幾年前有過一次下泌尿道疾病外，一直都是健康的狀態。

胖胖是摺耳貓，走路一直以來都與正常貓有些微不同，但不影響正常活動，直到有一天，發現他走路時後腳變得無力，開始會在家亂尿尿，甚至跳不上椅子，還會摔倒。

主人原以為是關節原因造成，但胖胖的腰和大腿肌肉明顯變少（體重減輕），而且每天清理貓砂塊的量明顯增加很多（多尿），水碗裡的水也幾乎每天見底（多喝）。

因為家裡是多貓飼養，雖然一天只餵食兩次，但還是會多放些。不知何時，碗裡的食物開始每天都被清空（多吃），檢查後，才發現胖胖得了糖尿病，因此開始了糖尿病的治療計畫及飲食控制。

胖胖，來吃飯囉！
喵!
(耶~)
1
哇，胖胖好乖，
最近都有把飯吃光，
也有乖乖喝水呢！
嚼
嚼
2

嗯？最近貓砂中
的尿塊好像比
較多耶…
3
咦…？
食慾怎麼變這麼好
喵!
(還要飯!)
4

嗯…胖胖好像和以前有點不一樣
以前
豐滿
一天喝很少水
一天1~2尿塊
現在
瘦了!
水幾乎喝光！
一天很多尿塊
5

我們趕快
去看獸醫！
喵嗚~!!
(救命~!!)
6
妳家胖胖血糖非常高，可
能有糖尿病，我們必須
做更進一步檢查。
GLU
520
7

糖尿病是貓咪最常見的內分泌疾病之一，這幾年糖尿病在貓咪疾病中的比例有明顯增加的趨勢。越來越多的報告指出，肥胖或年齡增長都與糖尿病的發生相關，尤其是肥胖，以往大家看到胖胖的貓咪都覺得很可愛，卻忽略了肥胖造成糖尿病形成的危險。

體內血糖的調節

血糖是指血液中的葡萄糖，能夠提供身體細胞能量，這些葡萄糖是經由消化食物中的碳水化合物，或糖質新生作用而產生。不過，飲食中的蛋白質主要是用在合成身體所需的各種蛋白質（如抗體蛋白），只有在飲食中的碳水化合物和脂肪無法提供身體足夠熱量時，才會把蛋白質拿來轉變成葡萄糖使用。

當血糖上升時，胰臟的β細胞監測到上升的血糖，接著就會開始分泌胰島素，使血糖下降。當大部分葡萄糖被利用後，多餘的葡萄糖在胰島素的幫助下轉變成肝醣和脂肪，儲存在肝臟、肌肉和脂肪細胞中。

當血糖偏低時，升糖素會刺激肝臟釋放肝醣，轉變成葡萄糖，以維持血糖濃度。除了升糖素，腎上腺素、甲狀腺素等也能刺激血糖上升，但胰島素卻是體內唯一可以讓血糖降低的荷爾蒙，因此在降血糖的作用上絕對不能少了它。

在胰島素和血糖調節的關係中，胰島素就像一把鑰匙，而位於細胞上接受胰島素的受體就像是門鎖，只有鑰匙和門鎖的功能在正常情況下，才能「開門」讓葡萄糖進入各器官的細胞中，並使用葡萄糖。

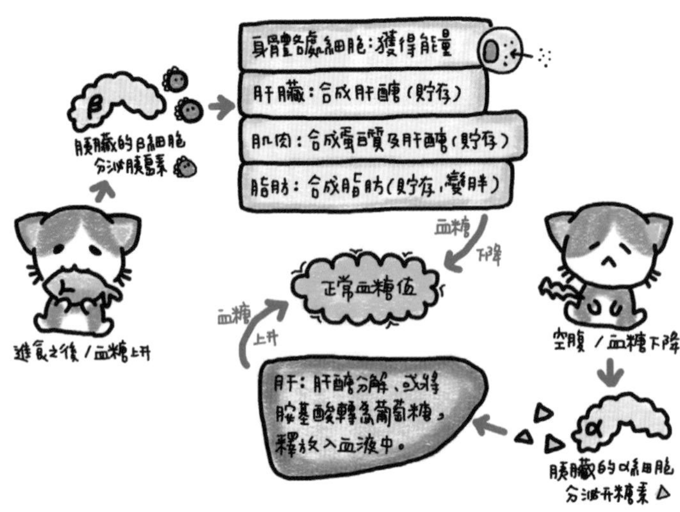

▲ 穩定血糖的功臣 —— 胰臟

別小看胰島素的作用，胰島素除了能讓組織細胞使用葡萄糖、降低血糖外，還參與了蛋白質、碳水化合物和脂質的合成代謝，在身體裡的作用非常重要，沒有了胰島素還真是萬萬不可。

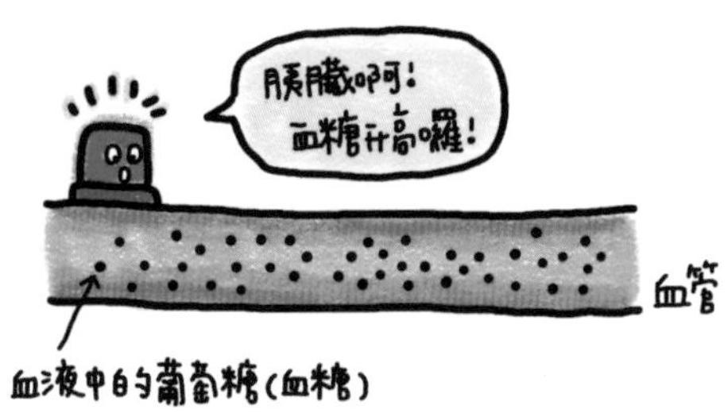

▲ 身體的血糖調控 _1：
進食之後，血糖開始上升

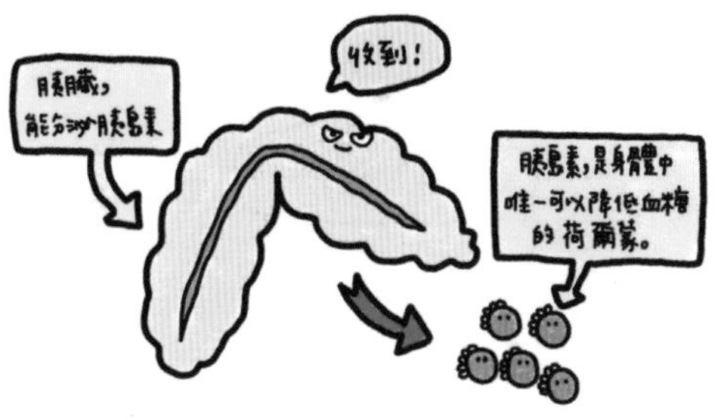

▲ 身體的血糖調控 _2：
胰臟收到血糖上升訊息就會分泌胰島素

▲ 身體的血糖調控 _3：
胰島素能打開細胞的大門，
讓葡萄糖進入細胞，進而被使用

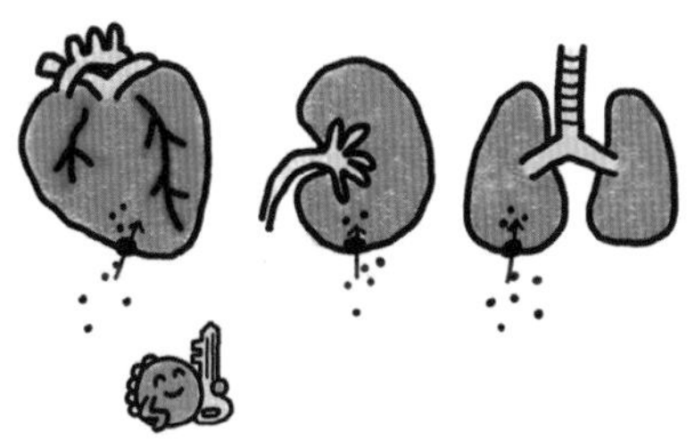

▲ 身體的血糖調控 _4：
葡萄糖進入各種器官細胞，作爲能量使用或儲存

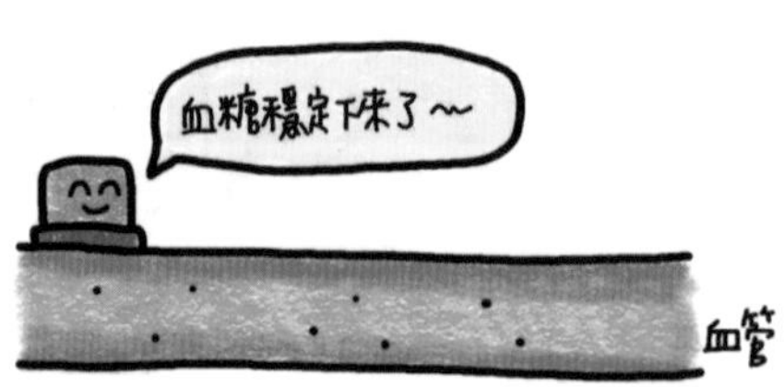

**▲ 身體的血糖調控 _5：
血管中的葡萄糖被帶入其他細胞了，
所以血糖也就下降了**

大概了解胰島素的降血糖生理作用後，接著就來聊聊什麼是糖尿病。簡單來說，當胰島素（鑰匙）或細胞上的胰島素受體（門鎖）其中之一，或是兩者同時發生問題時，葡萄糖就無法進入細胞內被使用，這些葡萄糖會持續累積在血液中。當血糖濃度越來越高，最後引起糖質代謝異常的慢性疾病時，就是我們知道的糖尿病（Diabetes mellitus）。

**▲ 如果胰島素或胰島素受體
其中之一（或兩者）發生問題，就無法順利降低血糖**

ⒾⒶⒾ✦

糖尿病的分類

糖尿病主要是因為胰臟β細胞分泌的胰島素不足，導致持續性高血糖引起的。小動物糖尿病的分類是依據人類的糖尿病機制，分成第一型糖尿病（又稱胰島素依賴型糖尿病）和第二型糖尿病（又稱非胰島素依賴型糖尿病），以及妊娠型和其它特定類型糖尿病。而妊娠型糖尿病目前在貓咪沒有報告。

第一型糖尿病是由於自身免疫性破壞了β細胞而無法分泌胰島素，沒有了胰島素，細胞無法利用葡萄糖，就會造成血糖持續過高。而第一型糖尿病在貓咪是很罕見的糖尿病類型。

◀ **第一型糖尿病主要是胰臟無法產出胰島素**

貓咪的糖尿病大部分是屬於第二型糖尿病，主要是胰島素的抗性 *，加上β細胞衰竭，造成的胰島素分泌不足。這型的糖尿病大多發生在肥胖的貓咪，主要是因為飼養在室內並且活動量減少，而導致貓咪肥胖和胰島素抵抗性的產生。

而特定型糖尿病則是因為其它內分泌疾病（如腎上腺皮質功能亢進症）或是胰臟炎或腫瘤，導致β細胞喪失及胰島素抗性增加。這些都會造成貓咪持續性高血糖和糖尿病的發生，甚至給予胰島素治療後，仍無法緩解及有效控制糖尿病。

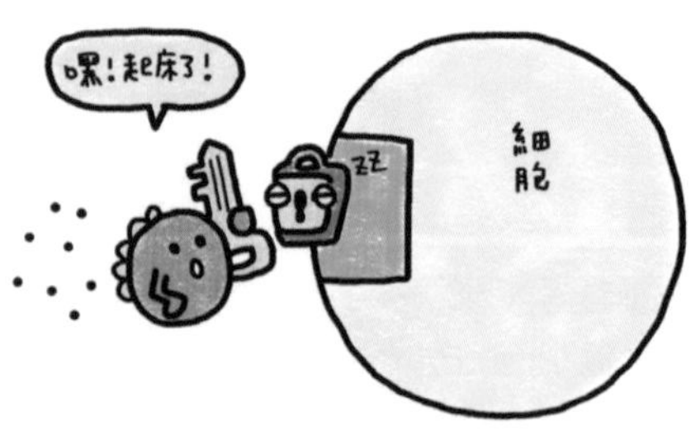

**▲ 胰島素抗性 _1：
受體不敏感**

**▲ 胰島素抗性 _2：
需要比平常更多的胰島素**

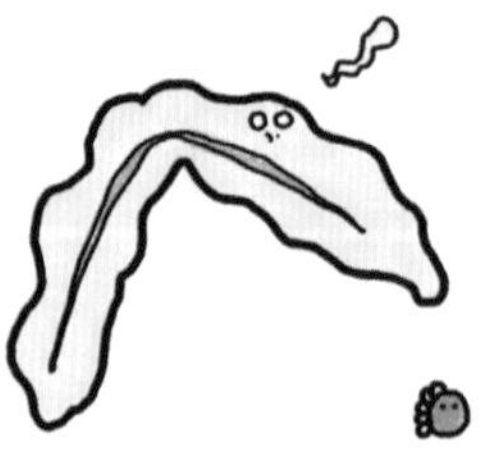

**▲ 胰島素抗性 _3：
過度工作的胰臟產生胰島素的效率降低，
或完全枯竭**

* 胰島素抗性（Insulin resistance）：
指的是胰島素分泌正常，但細胞對於正常濃度的胰島素反應差或是沒反應，使得葡萄糖無法進入細胞被使用；因此胰臟必須要分泌更多的胰島素，才能讓細胞使用葡萄糖，使血糖降低。

ⓘ人ⓘ✦

肥胖與第二型糖尿病之間的關係

肥胖貓咪最初能正常分泌胰島素，少量的胰島素就能讓細胞利用葡萄糖，但長時間的肥胖導致細胞上的胰島素受體對胰島素變得不敏感（也就是胰島素敏感性＊變低），因此就需要更多的胰島素作用，才能讓細胞使用葡萄糖。

當體內血糖持續過高，胰臟的 β 細胞就要分泌更多胰島素讓血糖降低，時間久了，胰臟的 β 細胞因過度工作累壞，便無法分泌足夠的胰島素。胰島素分泌不足加上長時間的高血糖狀態，最後就形成糖尿病。

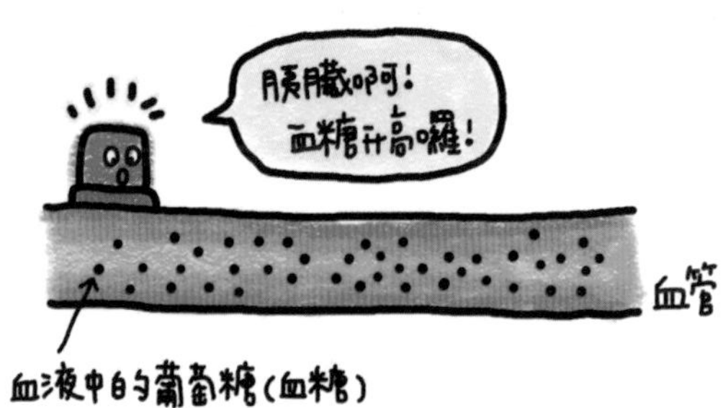

▲ 糖尿病的狀況：第二型糖尿病 _1
血糖上升時

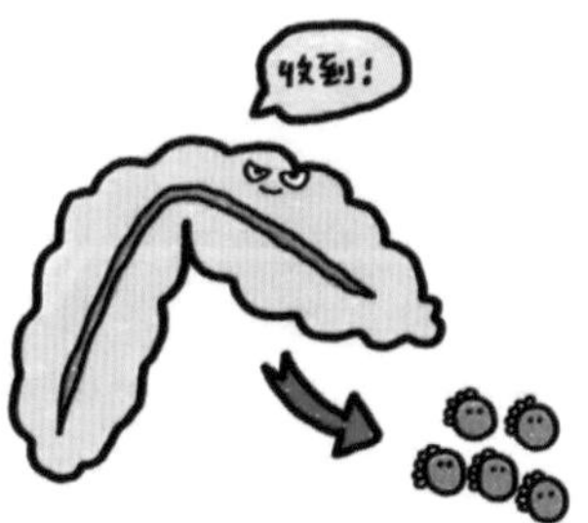

▲ 糖尿病的狀況：第二型糖尿病 _2
胰臟收到血糖上升訊息就會分泌胰島素

▲ 糖尿病的狀：第二型糖尿病 _3
胰島素的受體不敏感，葡萄糖不能進入細胞

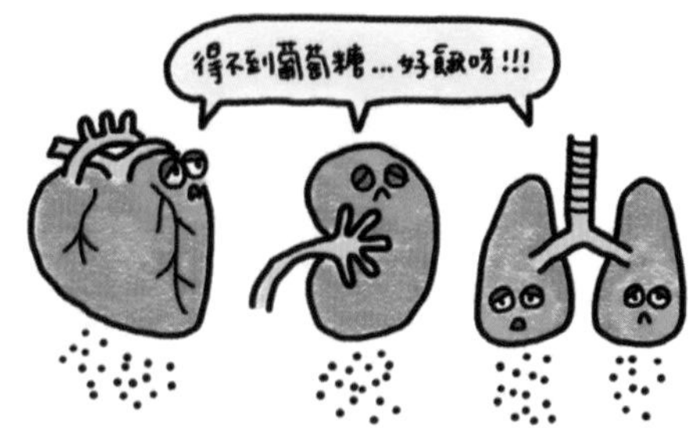

▲ 糖尿病的狀況：第二型糖尿病 _4
各器官、組織無法使用葡萄糖

▲ 糖尿病的狀況：第二型糖尿病 _5
葡萄糖累積在血管內（高血糖）

▲ 糖尿病的狀況：第二型糖尿病 _6
腎臟無法處理過高的血糖，
葡萄糖進入尿液中，形成糖尿

* 胰島素敏感性（Insulin sensitivity）：
是指細胞上的胰島素受體（門鎖）對於胰島素（鑰匙）的反應程度。胰島素敏感性越高，胰島素越能有效打開細胞大門，增加細胞使用葡萄糖；當胰島素敏感性變低，胰島素就無法打開細胞大門，降低細胞使用葡萄糖，變成胰島素抵抗性。

前面也提到，肥胖會增加糖尿病發生率，與理想體態（BCS 3／5 或 5／9）相比，肥胖貓咪罹患糖尿病的風險是理想體態的四倍。

有研究表示，健康貓咪平均體重每增加 1kg，其細胞對於胰島素的敏感性就會降低 30%，也就是需要更多量的胰島素，才能讓血糖降低。因此，肥胖對於胰島素敏感性有很大的影響，甚至會增加胰臟 β 細胞的損害，提高糖尿病發生的風險。

▲ 肥胖貓咪是糖尿病的高風險群

症狀

大部分糖尿病貓會出現多喝、多尿和體重減輕的症狀。多吃也是可能會出現的症狀，但如果出現酮酸中毒症則是會厭食。有些貓咪在疾病初期體重不一定會有明顯減輕，而這些症狀也容易與慢性腎臟疾病或甲狀腺功能亢進症混淆。若發現貓咪有以上這些症狀，建議要帶到醫院檢查。

▲ 糖尿病的貓咪會時常感到口渴

治療

如果是第一型糖尿病的貓咪，必須終身施打胰島素加上飲食管理，才能穩定血糖值；第二型糖尿病貓咪經由飲食管理、體重控制和施打胰島素，可以改善因高血糖造成的組織細胞傷害，並緩解糖尿病的症狀。

有些糖尿病貓咪在治療後，可以緩解糖尿病症狀，甚至有機會可以停止施打胰島素；但如果造成胰島素抗性的因素又出現時，就會再次導致糖尿病發生。

狗狗		貓咪
第一型	糖尿病類型	第二型
明顯多喝，多尿	症狀	症狀不一定明顯
大部份需終生治療	預後	有機會痊癒
較能預期	胰島素注射反應	個體差異大
不太容易發生	緊迫性高血糖	容易發生
可預知高血糖	飯後高血糖	高血糖不明顯
建議定時餵食	餵食方式	定量、可任食
建議使用	處方飲食	不一定
通常會暴食	低血糖症狀	不一定

▲ 狗狗和貓咪糖尿病不同的地方

糖尿病的飲食管理

糖尿病的控制除了定時施打胰島素外，還要合併飲食管理，才能達到較好的治療效果。為糖尿病貓咪選擇飲食時，飲食類型、營養成分是否足夠、攝取的熱量和餵食時間，以及貓咪是不是還有其它疾病存在都是要考慮的因素。當然，貓咪是否願意吃也是很重要的因素之一。

飲食管理的目標

a. 體重管理

除了肥胖會影響血糖控制，體重減輕（尤其是老年貓咪）也會惡化疾病的狀況。

因此，如何將糖尿病貓咪的體態和體重維持在理想範圍內，就需確認貓咪每日熱量是否達到計算的需求量。（參照成年貓的營養章節，P137）。

▲ 維持理想體重及體態在糖尿病控制上很重要

b. 攝取足夠及均衡的營養

提供完整均衡的營養物質及適口性佳的食物，增加貓咪吃的意願，也可以確實攝取到營養和熱量，還可以維持或是恢復失去的身體肌肉量。

c. 維持血糖值的穩定

每日提供相同的飲食，讓糖尿病貓咪規律進食，這對於維持血糖穩定很重要。因為，進食不足可能會形成低血糖；吃太多或隨意更換飲食種類容易造成肥胖或血糖的波動，只有穩定血糖值，才能增加緩解糖尿病的機會。

1. 水

很多家長對於糖尿病貓咪「會喝很多水，卻還是容易有脫水狀況」有疑問。當體內持續高血糖，造成濾液中的葡萄糖超過腎小管重吸收的能力時，會導致大量的葡萄糖進入尿液中。

因為葡萄糖使尿液中的滲透壓變高，造成腎小管的水分重吸收減少，並引起排尿量增加，也就是滲透性利尿（Osmotic diuresis）。

因利尿造成身體留不住水分，使貓咪口渴而去喝更多水，惡性循環下導致糖尿病貓咪容易處在脫水狀態。因此，要隨時提供乾淨和新鮮的飲水。

▲ 滲透壓的特性：水分由低濃度流向高濃度

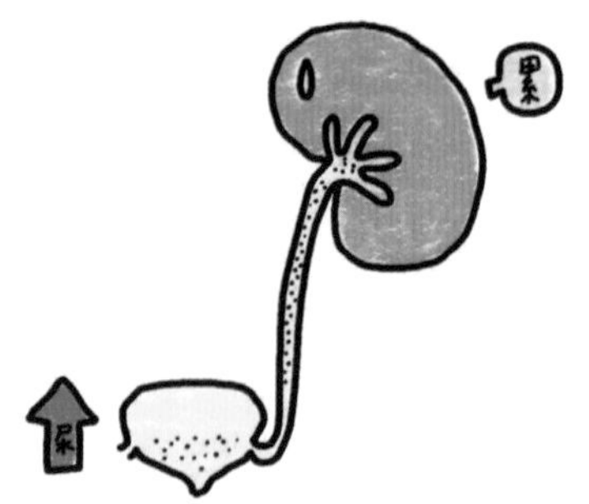

▲ 滲透型利尿：
1. 血糖超過腎臟能處理的量 >> 糖尿
2. 尿中出現糖而帶走更多水分 >> 多尿

Q & A

Q、糖尿病貓咪在穩定治療過程中，喝水量可能會減少？

A、部分糖尿病貓咪在血糖控制穩定時，喝水量和排尿量會比較明顯的慢慢減少。因此，監測貓咪喝水量和排尿量的變化，對於血糖控制也是重要的訊息；不過，這些觀察在多貓環境中比較難實行。

除了喝水量和排尿量的改變之外，體重和進食量也都會有明顯改變（如變得不像疾病剛開始時愛吃）。將這些改變加以記錄，回診時與醫生討論，對於調整貓咪的治療計畫都有幫助。

2. 蛋白質

當貓咪得到糖尿病後，對於蛋白質的需求相對會提高，這是因為糖尿病是一種代謝消耗性疾病，會增加體內蛋白質的分解代謝；加上糖尿病大多發生老年貓咪，患有老年肌少症的糖尿病貓咪更容易惡化蛋白質的分解代謝，甚至造成體重減輕。

那麼，高量蛋白質飲食（>40%ME）在糖尿病貓咪的疾病控制上有哪些優點呢？

a. **維持適當體重和增加肌肉量**

雖然有些糖尿病貓咪的肚子看起來圓圓、胖胖的（BCS >5／9），但實際上身體的肌肉量和體重卻是持續在減少，因為當血糖控制不好時，會增加肌肉的分解代謝；增加飲食中蛋白質的含量有助於減少分解代謝，並幫助貓咪恢復一些在疾病時失去的肌肉量。

b. **預防脂肪肝的形成**

當糖尿病貓咪每天進食量少於每日熱量需求的50%時，

會增加脂肪肝形成風險，而高蛋白質飲食可提供適當的能量，預防糖尿病貓咪在體重減輕期間形成脂肪肝。此外，高蛋白質飲食可以增加新陳代謝，促進身體脂肪燃燒和增加飽足感，有助於肥胖貓咪的體重控制。

c. **刺激胰臟 β 細胞產生胰島素**

貓咪飲食中的蛋白質大多以動物性蛋白質為主，動物性蛋白質內含有豐富的精胺酸，它可以刺激胰臟 β 細胞分泌胰島素，有助於減少胰島素的給予量。

d. **減少血糖值的波動**

飲食中的蛋白質需經由糖質新生作用，將胺基酸轉換成葡萄糖。這種轉換過程產生的葡萄糖會緩慢釋放到血液中，對於維持血糖穩定有益。另外，也可以減少糖尿病貓咪低血糖的危險。

Q & A

Q、給予長期糖尿病貓咪高蛋白質飲食會造成腎臟疾病嗎？

A、給予糖尿病貓咪高蛋白質飲食不一定會造成腎臟功能異常，它對於糖尿病的血糖控制是益大於弊，尤其是肥胖的糖尿病貓咪。而糖尿病會併發腎臟疾病不一定是因為高蛋白質飲食，血糖控制不良也會引起腎臟組織的損傷。不過，當糖尿病貓咪同時發生腎臟疾病時，就需要視情況來降低蛋白質含量，減少惡化腎臟疾病的風險。

另外，也可以在定期回診監控血糖的同時檢測腎臟功能，並根據貓咪身體狀況來調整飲食蛋白質的含量。

3. 碳水化合物

治療糖尿病貓咪的過程中，常會聽到家長對於飲食中碳水化合物的質疑。大部分都認為給予含有碳水化合物的飲食，會造成血糖控制不易，轉而尋找無碳水化合物飲食給貓咪。

雖然貓咪對碳水化合物的需求量很低，但零碳水化合物卻不一定是最好。目前糖尿病飲食管理建議給予低碳水化合物（＜12%ME）／高蛋白質（＞40%ME）的飲食，認為這有助於穩定葡萄糖代謝、減少貓咪胰島素施打的劑量，並緩解糖尿病。

給予低碳水化合物飲食為何對糖尿病貓咪有益？

¤ 糖尿病貓咪餐後血糖升高的時間會延長，有時甚至會超過 12 小時。因此，為了減少餐後血糖持續長時間升高，低碳水化合物飲食是有幫助的。

¤ 碳水化合物可提供額外熱量來滿足身體需求。讓更多的飲食蛋白質用在修復和合成身體組織（如增加肌肉量和體重），而不是用在產生能量上。

▲ 適量的碳水化合物（＜12%ME）有助於蛋白質利用在生長及修復組織

4. 脂肪

食肉性的貓咪對脂肪的需求相對較高，所以糖尿病貓咪的飲食脂肪不建議給太低。如果飲食是以高蛋白質、低碳水化合物為主，因為減少了碳水化合物而讓整體飲食熱量降低時，不足的熱量需求就必須增加脂肪來補足。

假設，我們希望碳水化合物提供的熱量為 12%ME，蛋白質為 45%ME，那麼剩下的 43%ME 就必須由脂肪提供；因此，脂肪的選擇可以根據蛋白質和碳水化合物的比例來給予。前面也有提到，能提供身體熱量的營養物質是蛋白質、脂肪和碳水化合物，當飲食中沒有碳水化合物時，熱量來源必須由蛋白質和脂肪來提供，過多的蛋白質會增加含氮廢物的產生。

除了依據熱量比例來選擇飲食脂肪含量，也可以視糖尿病貓身體脂肪消耗狀況來選擇。例如，偏瘦的糖尿病貓咪可提供較高的飲食脂肪，增加熱量的攝取；而在有肥胖傾向的糖尿病貓咪，提高飲食脂肪的含量可能會增加肥胖和胰島素抗性的機會，就必須適當的攝取脂肪，避免過度肥胖。

Q & A

Q、糖尿病貓咪血糖控制穩定後會變胖？

A、糖尿病貓咪在血糖值持續控制穩定後，會改善過度代謝狀況，使體重逐漸增加，這是因為胰島素會促進體內蛋白質（增加肌肉）和脂肪的合成（增加體脂肪）。

不過，糖尿病貓咪在血糖穩定、甚至是糖血病緩解後，還是要控制每日飲食熱量攝取；即便是健康貓咪給予低脂食物，不控制進食量還是有可能變胖，更何況是糖尿病貓咪呢？

當貓咪又變肥胖時，可能會使得胰島素抗性增加，讓原本控制良好的血糖值又再度升高。因此，控制血糖值的同時，也必須控制體重和體態，以達到緩解糖尿病的目的。

▲ 糖尿病貓咪必須要控制每日熱量，
就算是低卡食物多吃也會胖

5. 纖維

糖尿病貓咪早期的飲食建議是以高纖維飲食為主，雖然目前不再強調以高纖維飲食治療糖尿病，但纖維對糖尿病貓咪仍有其重要性。

飲食中的纖維是屬於不可消化吸收的碳水化合物，其中可溶性纖維會在水中形成凝膠，減緩腸胃道裡碳水化合物分解成葡萄糖的速率，這表示葡萄糖進入血液中的速率會比較慢，而減少血糖波動。

此外，飲食中的可溶性纖維會吸水膨脹，並減緩胃排空速率，增加飽足感。這些特點可以減少貓咪的飢餓感和熱量攝取，對於肥胖糖尿病貓咪的體重控制是有幫助，但在過瘦或有嚴重便祕的貓咪，就需要避免使用高纖維飲食。

▲ 可溶性纖維遇水形成凝膠，能延緩碳水化合物被消化、吸收的速率

雖然目前對於糖尿病貓咪的飲食裡，並沒有一個確定理想的纖維比例，但不論糖尿病貓咪是要選擇高纖飲食，如減重、控制體重這類飲食（大約 10 至 16% DM），或選擇低纖維的糖尿病處方飲食（大約 4 至 8% DM），都需要在醫生詳細評估後，根據貓咪的身體狀況做出飲食選擇。

能量需求和體重控制

由於肥胖引起的胰島素抗性，增加了糖尿病形成的風險，無論從預防還是治療角度來看，體重控制都是飲食治療的第一步，也是最關鍵的部分；比起增加肥胖貓咪的運動量，限制食物熱量在實行上或許會容易得多。當糖尿病貓咪的症狀穩定後，就可以開始控制飲食熱量的攝取。

不論是少量多餐或是定時定量的餵食方式，想穩定糖尿病主要還是在控制貓咪每日熱量的攝取。許多肥胖糖尿病貓咪的飲食習慣大多為「吃到飽」，並沒有去限制給予多少熱量，因此，必須先計算出貓咪在理想體重時的每日能量需求，並計算每天需要的食物量，每天按照計算出的總量分餐次給予。

此外，為肥胖的糖尿病貓咪做減重計畫時，熱量的攝取或許要更嚴格限制，譬如減少 20 至 30% 的能量需求，才能有效控制體重；當體重減少得太快時，可以增加 10% 的能量需求，避免一下子降得太多。飲食熱量的攝取最好請醫生定期評估貓咪的狀況來調整，不建議自行增加或減少，因為熱量的改變也可能會影響血糖的控制。

▲ 體重控制可以採取的飲食策略

體重控制的主要目標是讓肥胖的糖尿病貓咪恢復至理想體態。控制期間需每兩週監控一次體重變化，並根據體重和身體肌肉量來調整減重計畫，每週體重減少不超過 0.5 至 1%，因為體重下降得太快，容易引起併發症（如脂肪肝）。當糖尿病貓回復到正常體態（BCS 3／5 或 4－5／9）和理想體重後，最好能持續維持在理想狀態，避免貓咪因再次肥胖導致胰島素抗性的產生。

Q & A

Q、濕食與乾食哪個比較適合糖尿病控制？

A、無論是乾食或濕食，選擇以高蛋白質和低碳水化合物為主要飲食組合，對於糖尿病貓咪來說都是合適的。一般濕食的碳水化合物含量較低，甚至無碳水化合物，是有助於糖尿病症狀緩解；此外，濕食含水量高，可稀釋食物熱量，並增加食物體積及飽足感，減少貓咪討食，以及減少脫水問題，這些對於需要體重控制的糖尿病貓咪是適合的選擇。

但是，這也不代表所有的糖尿病貓都只能吃濕食來控制血糖，因為每隻貓咪的身體狀況、對飲食種類的接受度都不同，因此提供的飲食條件也會不同。糖尿病貓咪的飲食管理，主要還是在均衡的營養物質比例和熱量的攝取。

◀ 糖尿病的貓咪也適合吃濕食

ⓄⓁⓄ✦

胰島素的施打與進食時間

糖尿病貓咪只要根據醫囑施打胰島素，加上飲食管理治療，大多可以將血糖控制良好，並增加糖尿病緩解的機會。

目前糖尿病貓咪使用的胰島素大多為中長效型，為了能讓胰島素達到最佳的血糖控制，胰島素的施打為一天二次（間隔約 12 小時），注射後會緩慢釋放，因此少量多餐的進食對於血糖控制的影響不大，所以糖尿病貓咪的進食時間可以不需要與胰島素施打時間同時。

對於一些習慣每天分 3 至 4 餐進食或自由進食的貓咪來說，要在一天只吃兩餐的情況下將定量的食物吃完，相對上較困難；與其強迫貓咪一天吃兩餐，不如控制一天進食的總量，以及固定飲食種類，才能有效減少血糖值波動。

家長可以記錄貓咪在家進食、喝水和排尿狀況，並定期到醫院或在家監控血糖曲線及血清果糖胺值。當貓咪體重有改變或需要調整胰島素劑量時，這些紀錄都可作為調整依據。

Q & A

Q、如何預防貓咪在家中發生低血糖的狀況？

A、治療糖尿病貓咪的過程中，低血糖是家長害怕出現的併發症之一。低血糖大部分會與胰島素的注射有關。如果胰島素給予劑量過高，或是注射時間間隔太短，或是在注射胰島素後貓咪不吃飯等，都有可能造成低血糖的發生。

貓咪在發生低血糖時，可能會出現虛弱、嗜睡、好像看不見東西等狀況，會迷失方向，嚴重會抽筋或癲癇發作，甚至昏迷、死亡。

因此，施打胰島素的時間和餵食時間要固定，避免隨意改變給予食物時間或給零食，減少血糖的波動。如果體重或飲食習慣有變化，應與醫生討論是否需要調整胰島素的劑量，防止低血糖或是高血糖的發生。此外，如果擔心貓咪施打胰島素後不怎麼吃飯，也可以在進食後再給予胰島素。

有些家長會在打針前先幫貓咪驗血糖，這也可以預防低血糖的發生，但是請記得無論血糖值過低或過高，都不建議自行改變胰島素用量，而要先與醫師討論後再調整。

▲ 確定貓咪進食後再打胰島素能避免低血糖

Q & A

Q、治療過程中，可以改變糖尿病貓咪的飲食嗎？

A、幫貓咪治療糖尿病的過程中，許多家長會想嘗試更換飲食，增加疾病緩解的機會。如果要改變飲食，建議先和醫生討論，並重新做血糖曲線圖及評估治療，再決定如何改變。

因為飲食改變會造成血糖波動，進而影響血糖的控制，所以不建議隨意更改貓咪的飲食。如果貓咪不願意接受糖尿病飲食，或是有其它併發症（如胰臟炎或腎臟疾病）時，可以先請醫生評估是否適合調整飲食。改變食物時，也要用幾週時間慢慢將舊的食物換成新的食物，這樣貓咪比較不容易排斥。

另外，也盡量不要給予正餐以外的食物或零食，這對於減少血糖波動及控制血糖穩定都有幫助。

有些糖尿病貓咪給予胰島素注射和飲食控制後，血糖值能恢復至正常或維持穩定，有機會可以停止施打胰島素；但如果沒有好好控制飲食和體重，還是有可能再次復發。

糖尿病貓的飲食管理和體重控制一直都是很難的習題，家長可能會不忍心貓咪因為飢餓而叫，就增加貓咪的食物量；有些家庭也會因為多貓飼養的環境，而無法將糖尿病貓咪與其它貓咪分開餵食，造成糖尿病貓咪吃到其它貓咪的食物。這些原因都會造成糖尿病貓咪的血糖控制不穩定，或是出現其它併發症（如胰臟炎、腎臟疾病）與糖尿病再復發。

所以，家長們不要輕忽飲食管理在治療糖尿病上扮演的重要性，如何維持血糖及身體狀況的穩定，是糖尿病貓咪長期抗戰的目標。

3-5
甲狀腺功能亢進症（Feline hyperthyroidism）

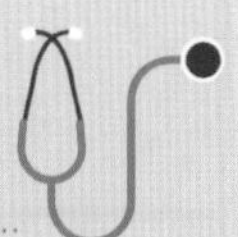

焦糖
16歲，米克斯，絕育♂

焦糖是一隻健康、幾乎沒看過醫生的老年貓咪，第一次見到他時，大概只能用「骨瘦如柴」來形容。他是一隻體型偏大的公貓，但腰腹部和大腿幾乎沒有肌肉（肌肉消耗），毛髮乾燥糾結。

焦糖在家食慾很好（多吃），但體重卻越來越輕（體重下降），他的精神也很好（活動力旺盛），甚至會在晚上一直叫（精神亢奮），嘔吐次數也變得較多。

檢查之後，發現焦糖患有甲狀腺功能亢進症。焦糖的媽媽除了給焦糖藥物治療疾病外，還給予焦糖甲狀腺的處方飲食。在幾個月的控制下，焦糖的體重也開始慢慢增加，精神亢奮的狀態也減少了。

焦糖，來健康檢查
1
醫森吶，偶們家焦糖吼，
每天都粗好，猴動力吧都
混不湊…
2
但速吼，偶覺得伊
最近太皮啦，玩不累..
3
晚上吼，每天都
唱山歌內！
喵～
4
這半年吼，偶們焦糖
食慾都很旺盛..
喵！
(飯)
5
但偶有花現吼，
伊好像變瘦了餒！
毛也不像以前柔順…
6
所以吼，偶今天才
想說帶焦糖來健康
檢查一下！
喵～
7
貓咪體重下降是非常值得
花心思的事件，您所敘述
的狀況讓我懷疑焦糖
有內分泌的問題，我們來
安排檢查吧！
8

「甲狀腺素」是一種促進全身器官運作、組織細胞新陳代謝，以及促進生長發育的荷爾蒙。當甲狀腺分泌增加時，會提高身體的代謝率，進而影響心臟、腎臟、神經系統和身體其它器官。

因此，甲狀腺異常分泌時所引發的代謝異常，會造成很多器官系統的負面影響。

▲ 甲狀腺的生理功能（部分）

那麼什麼是甲狀腺功能亢進症（Feline hyperthyroidism）？又會對身體造成什麼負面影響？貓咪罹患甲狀腺功能亢進症時就像是空檔時踩車子的油門，除了會增加汽油的使用，還會讓引擎出現空轉現象。

過多的甲狀腺素（Thyroxine，T4）會使身體代謝加速，並增加身體能量的消耗，讓貓咪變得更飢餓。長時間的影響下，最終導致許多器官系統的功能損害。

▲ 甲狀腺功能亢進時，身體的運轉不正常加快

當身體的代謝加速，使得所有細胞都加快動作、拚命趕工，最後導致細胞壽命提前結束，並加快身體衰老。如果不及時治療，有可能會增加貓咪死亡的機率。

▲ 代謝過快將導致細胞壽命提前結束

原因

造成貓咪甲狀腺功能亢進症發生的因素可能是多方面的，包括老年化、遺傳性、環境中致甲狀腺腫的甲狀腺干擾物（Thyroid disruptors），長期接觸這些存在於食物或環境中的甲狀腺干擾物，可能會造成甲狀腺腫大，最終導致甲狀腺功能亢進症或甲狀腺瘤的發生。

目前已有許多營養因素和甲狀腺功能亢進症發病相關的研究，但發病機制仍然不清楚。這些致甲狀腺腫的甲狀腺干擾物質包括了飲食成分、添加物或環境污染物等。

有研究指出，市售罐頭食品可能與貓咪甲狀腺功能亢進症的發生有關，因為在加熱過程中，罐頭內塗層會釋放出雙酚 A，這可能是導致甲狀腺腫的化學物質。此外，大豆異黃酮、鄰苯二甲酸鹽、間苯二酚等物質也可能增加甲狀腺腫的機會。

而環境荷爾蒙的因素（如殺蟲劑、除草劑、化學肥料等）也可能增加甲狀腺功能亢進症的發生風險，但上述的可能原因都需要更多研究來證實與甲狀腺功能亢進症的因果關係。

①人①✦

甲狀腺功能亢進症與慢性疾病

甲狀腺功能亢進症大多好發在中老年貓咪，所以可能會與其它慢性疾病同時發生（如慢性腎臟疾病），甚至會掩蓋或惡化一些慢性疾病的狀況。

因此，不要輕忽了甲狀腺功能亢進症對身體的影響，要早期發現並治療，才能將疾病對全身造成的不良影響降到最低。

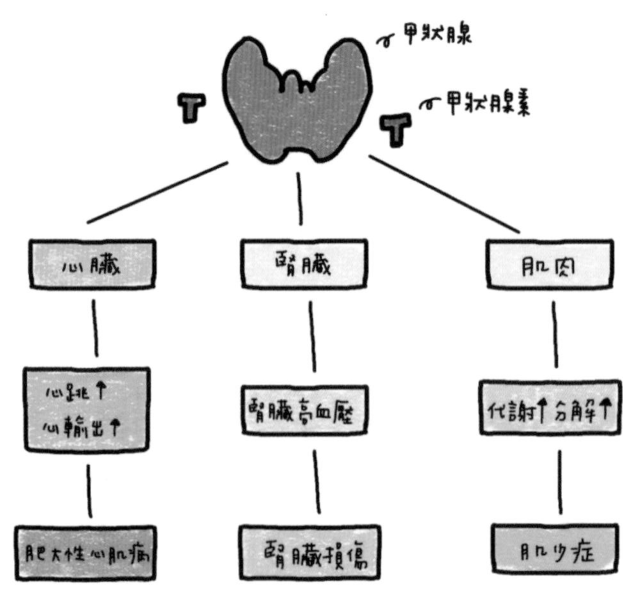

▲ 甲狀腺對其他器官的影響

ⓘ人ⓘ✦

甲狀腺功能亢進症與腎臟疾病

慢性腎臟疾病和甲狀腺功能亢進症都是老年貓咪常見的疾病。隨著年齡增加，貓咪同時發生甲狀腺功能亢進症和慢性腎臟疾病自然是有可能的，所以在治療甲狀腺功能亢進症的同時，也需留意並持續追蹤腎臟的狀況。

甲狀腺功能亢進症對腎臟造成的影響

1. 甲狀腺功能亢進症會因為在心臟造成影響，而導致腎臟血流量和腎絲球體過濾速率（Glomerular filtration rate；GFR）增加，增加的 GFR 看似對腎臟過濾功能有益，但長時間下來，反而會因腎絲球的高血壓造成腎臟損傷。

2. 有些甲狀腺功能亢進症的貓咪在經過治療後，反而會發生慢性腎臟疾病。這是因為甲狀腺功亢進症造成腎血流量和 GFR 的增加，會降低血中尿素氮和肌酸酐的數值，而掩蓋早就存在的慢性腎臟疾病。當甲狀腺素控制穩定後，GFR 降低可能導致腎臟指數的上升。

3. 過高的甲狀腺素本身也是一種毒素，會導致腎小管的損害，所以必須早期治療甲狀腺功能亢進症，才能減少腎臟的損傷。

◀ 慢性腎病與甲狀腺功能亢進 _1：慢性腎病時，腎處理代謝廢物的速率下降

◀ 慢性腎病與甲狀腺功能亢進 _2：亢進的甲狀腺使心跳、血壓升高，促使腎加速工作

◀ 慢性腎病與甲狀腺功能亢進 _3：高血壓的狀況使得腎惡化更快

甲狀腺功能亢進症與心臟疾病

除了腎臟，甲狀腺還會影響心臟功能。甲狀腺功能亢進症導致體內新陳代謝速率增加，相對也會增加運送到組織細胞的氧氣需求量。因此，心臟就必須增加心跳和心臟血液輸出量來代償，以維持這些組織細胞的高需求。長時間的影響下，會導致高血壓、心臟雜音、心律不整，甚至肥大性心肌病（Hypertrophic Cardiomyopathy）發生。

因此，越早檢測並診斷出甲狀腺功能亢進症的問題，讓貓咪接受早期治療，將甲狀腺素值控制在正常範圍內，心臟的症狀大部分是可以改善的。

▲ **甲狀腺功能亢進時，會改變心律和提高心輸出量**

甲狀腺功能亢進症與肌肉減少症

甲狀腺功能亢進症會造成身體過度分解代謝的狀態，使得能量消耗增加，以及蛋白質更新和脂肪分解增加，這些代謝異常最終造成貓咪體重減輕和肌肉減少。但有些甲狀腺功能亢進貓咪的體重雖然減輕，體態仍然是維持或偏高（BCS 5/9 或 > 5/9），這是因為身體減少的主要是肌肉組織，而不是脂肪。

▲ 甲狀腺功能亢進症讓身體能量供不應求，使組織（肌肉、脂肪等）不得已分解以提高能量

此外，甲狀腺功能亢進大多發生在中老年貓咪，有些貓咪發生甲狀腺功能亢進症之前，可能本身就已經有老年肌肉減少症（Sarcopenia）的問題，但因為年紀大了，常被認為是正常的老化變瘦狀況，而忽略了肌肉減少的情形。

如果甲狀腺功能亢進症的貓咪又同時有老年肌少症，通常會更加惡化貓咪體重減輕和營養不良。

▲ **老年肌少症與甲狀腺功能亢進症最後的結果**
都是身體肌肉的減少與疲乏

甲狀腺功能亢進貓咪的肌肉消耗是以骨略肌為主，因此當體重變輕後，最先會注意的是腰椎上和大腿肌肉量明顯減少。

大部分貓咪在給予治療後，體重和身體狀態會慢慢增加和改善，但有些貓咪的肌肉質量卻無法完全恢復到正常。當未被治療的甲狀腺功能亢進症隨著疾病時間延長，會出現更嚴重的肌肉萎縮、消瘦、惡病質（Cachexia），甚至造成貓咪死亡。

除了心臟、腎臟和身體肌肉的影響外，甲狀腺功能亢進症也可能會引起血糖和胰島素代謝改變（如增加胰島素的抗性），當患病貓咪同時併發糖尿病時，或許會因為產生胰島素抗性，導致糖尿病症狀控制不好。

因此，當甲狀腺功能亢進貓同時併發其它疾病時，會增加身體代謝變化的複雜程度，導致治療或是飲食管理上變得更加困難。

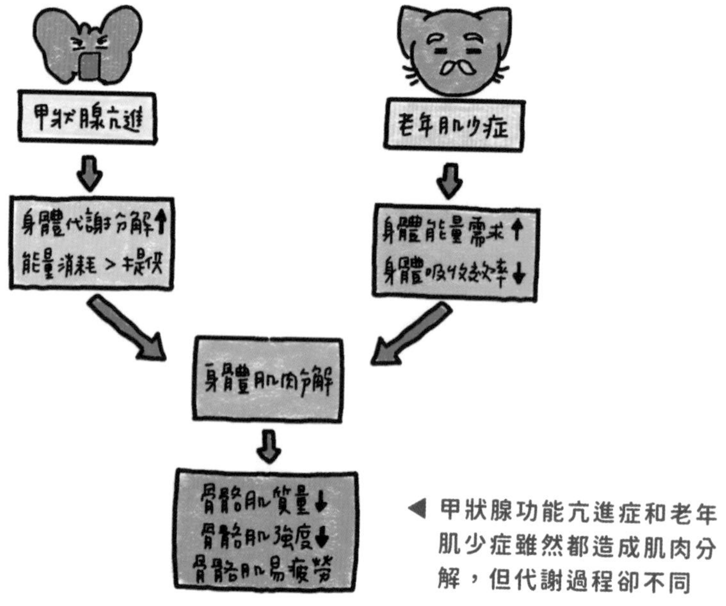

◀ 甲狀腺功能亢進症和老年肌少症雖然都造成肌肉分解，但代謝過程卻不同

症狀

「甲狀腺功能異常」在貓較常見的是甲狀腺功能亢進症，而狗狗是甲狀腺功能低下。甲狀腺功能亢進症好發於中老年貓咪，平均年齡大約是在 12 至 13 歲，而 10 歲以下的發生率不到 5%。

◀ 甲狀腺功能亢進症好發於 10 歲以上老貓

甲狀腺功能亢進症的貓咪會出現以下症狀

- ¤ 進食量明顯增加，但體重卻減輕
- ¤ 嚎叫頻率增加
- ¤ 活動力會增加，甚至變得很亢奮
- ¤ 多喝／多尿
- ¤ 毛髮凌亂糾結
- ¤ 胃腸道症狀（如嘔吐、下痢）

◀ 甲狀腺功能亢進症的症狀：
進食量增加但變瘦

◀ 甲狀腺功能亢進症的症狀：
明明是老貓卻有用不完的體力

◀ 甲狀腺功能亢進症的症狀：
毛髮凌亂糾結

治療

甲狀腺功能亢進症貓大多是長期給予口服藥物，以減少甲狀腺素過度分泌來改善症狀。而在甲狀腺腫瘤的貓咪，可以用碘 131 或甲狀腺切除術進行治療。每個甲狀腺功能亢進症的貓咪都會經由醫生評估後，再根據身體狀況給出適合的治療方式。

在營養管理的部分，可以給予易消化且高熱量的飲食，以改善身體營養和體重減輕的狀況，同時減緩併發症的發生或惡化。

▲ 患有甲狀腺功能亢進的貓咪大多需長期口服藥物改善症狀

甲狀腺功能亢進症的營養

營養管理的主要目標，就是避免貓咪營養不良以及改善肌少症，並同時恢復到理想體重狀態。

在飲食營養管理的同時，也必須定期監控甲狀腺素的數值和其它身體指數（如肝臟和腎臟）功能，根據貓咪身體的變化來調整治療方式和飲食管理，以減少甲狀腺功能亢進症和其併發症發生的機會。

1. 蛋白質

甲狀腺功能亢進症的貓咪雖然食慾很好，但因為身體新陳代謝過旺，導致能量消耗 > 能量供給，身體的肌肉組織會被消耗，以滿足自身蛋白質的更新和合成需求。如何保留並恢復剩餘的肌肉組織、減少自身蛋白質分解代謝，就取決於貓咪是否能攝取足夠的優質蛋白質飲食。

▲ **如果有老年肌少症的貓咪又罹患甲狀腺功能亢進，體重減輕的狀況就會更嚴重**

給予嚴重肌肉組織減少的患病貓高質量蛋白質飲食，除了可以幫助恢復肌肉質量、增加體重外，還能避免因蛋白質不足造成的營養不良。至於飲食蛋白質多少才適合？有報告建議，給予甲狀腺功能亢進的貓咪飲食蛋白質 > 40%ME，但這麼高量的蛋白質飲食一定適合所有的貓咪嗎？

不是所有甲狀腺功能亢進症的貓咪都適合高蛋白質飲食，這類飲食較適合在嚴重蛋白質營養不良、以及在沒有需要限制蛋白質飲食（如腎臟疾病）的情況下給予。因此還是以貓咪個體的狀況去選擇適合的蛋白質飲食為宜。

飲食蛋白質的建議量，可與維持性飲食的蛋白質需求量（30 至 40% DM）差不多。經過治療使甲狀腺素濃度恢復至正常後，沒有其它併發症的貓咪還是可以持續給予高質量蛋白質飲食，以提供足量的營養物質，維持身體需求。然而，嚴重體重減輕和肌肉組織消耗的貓咪，即使給予治療後，可能仍需要更長的時間（如數月以上）來恢復身體肌肉的質量和功能。

在為貓咪選擇飲食蛋白質時，以動物性組織為佳（如肉類），其次是肉類副產品。部分植物性來源的蛋白質也是好的，只是它們提供的生物可利用率形式蛋白質較少（缺乏某些種類的必需胺酸基），所以不建議作為主要或唯一的飲食蛋白質來源。

▲ 爲甲狀腺功能亢進症貓咪選擇食物時，以動物性蛋白質與副產品等作爲主要蛋白質來源

Q & A

Q、同時有甲狀腺功能亢進症和慢性腎臟疾病的貓咪，需要限制蛋白質飲食嗎？

A、當甲狀腺功能亢進症貓同時發生慢性腎臟疾病時，是否需要限制飲食蛋白質含量，是依據貓咪身體的肌肉狀況，以及慢性腎臟疾病是在哪個階段而定。

如果是肌肉組織嚴重消耗的甲狀腺功能亢進症貓咪，為了減少腎臟負擔而給予低蛋白質飲食，可能會讓身體的肌肉組織持續被分解，最後變成蛋白質營養不良，反而更加惡化疾病狀態。

因此，甲狀腺功能亢進症貓咪的腎臟疾病如果是早期階段，與其限制飲食蛋白質的含量，不如給予適當蛋白質和限制飲食磷的含量；但若是末期腎臟疾病（IRIS 第 3 或 4 期）的貓咪，就需要限制飲食蛋白質攝取，以減少尿毒症發生。

▲ **有早期腎病合併甲狀腺功能亢進症的貓咪仍可適度攝取優質蛋白質**

當這兩種慢性疾病同時存在時，在甲狀腺功能亢進症治療前或治療後，都需要根據慢性腎臟疾病的嚴重程度，來調整飲食中磷的含量（參照 P.318 腎臟疾病），降低血清磷的值，這對於延長貓咪的生存時間有幫助。

▲ 若是末期腎病合併甲狀腺功能亢進症的貓咪
則必須限制蛋白質

此外，為併發腎臟疾病的貓咪適當的補充鉀、維生素 B 群和 Omega-3 脂肪酸這些營養物質，會比單獨限制蛋白質更重要，但這些營養物質的補充（尤其是鉀）需要在檢查後根據需求給予。因此，甲狀腺功能亢進症貓咪要定期回診監控，根據檢查結果來調整後續的治療方式和飲食管理，才是對貓咪健康比較理想的應對方式。

2. 碘

甲狀腺在合成甲狀腺素時，需要飲食中的碘作為原料。當飲食中缺少碘時，會減少甲狀腺素的合成和分泌。但目前在甲狀腺功能亢進症的貓咪並沒確切的飲食碘需求量，而專門的處方飲食中（0.2ppm DM）碘含量是低於成年貓咪的每日需求（0.46ppm DM）。

雖然長期給予限制碘的飲食有助降低血中甲狀腺素濃度，但並不是所有甲狀腺功能亢進症的貓咪都能有效降低血中甲狀腺素濃度，例如疾病較嚴重或甲狀腺腫瘤的貓咪，限制碘的飲食治療或許就不是首選的治療方式。

此外，限制碘飲食的適口性較差，可能會降低貓咪進食的願意，進而影響飲食治療的效果；而在疾病較嚴重的貓咪，單以飲食管理可能無法緩解甲狀腺功能亢進症的所有症狀（如肌肉減少，體重減輕等）。

▲ 蝦、蟹、貝類等含碘量較高的食材，應避免給甲狀腺功能亢進症的貓咪食用

不過，無法給予口服藥或是對口服藥產生副作用的貓咪、或甲狀腺功能亢進症與慢性腎臟病同時發生時，可以考慮給予限制碘的飲食。

給予甲狀腺功能亢進症貓咪限制碘的飲食時，不建議給予其它食物，如罐頭、零食、人的食物或其它寵物食品，因為這些飲食中也含有碘，即使食物中的含碘量少，也可能使甲狀腺數值控制不理想。

此外，多貓家庭在餵食時，最好能將甲狀腺功能亢進症的貓咪和其它貓咪分開餵食，避免吃到其它貓咪的食物，這些也都可能影響疾病的控制效果。

Q & A

Q、有腎臟疾病的甲狀腺功能亢進症貓，可以給予甲狀腺的處方飲食嗎？

A、甲狀腺功能亢進的貓咪如果患有早期腎臟疾病時，是可以給予甲狀腺的處方飲食，因為處方飲食中有補充Omega-3，並且有控制磷和鈉的含量，以及中量蛋白質（36%DMB），不過，腎臟疾病較嚴重的貓咪可能餵食腎臟專用處方飼料比較好。

此外，甲狀腺功能亢進症是老年慢性疾病的一種，影響的器官可能是多重的，還會同時有併發症。所以，想穩定疾病狀態，讓貓咪有更好的生活品質，需要家長與醫生長期、密切討論並調整治療方式。

畢竟，每隻貓咪的疾病狀態或是併發的慢性疾病不同，在治療後身體狀況也會隨之改變，要定期監測疾病相關數值，確認藥物治療的效果和體重控制的狀況，並根據這些改變，調整適合貓咪的治療方式才是正確的！

3-6
自發性膀胱炎（Feline idiopathic cystitis）

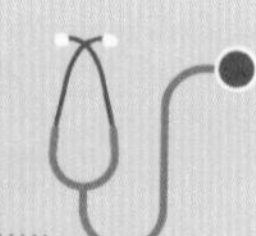

寶寶

10 歲，波斯貓，絕育♀

飼養寶寶的家庭中有三隻貓咪，寶寶雖然不愛與其它貓咪互動，但三隻貓咪的相處還算和平。後來，家裡來了一隻 3 到 4 個月大的小貓咪後，問題就開始出現了……每當寶寶去貓砂屋上廁所時，小貓就會跳到貓砂屋上或是守在旁邊；當寶寶上完廁所要出來時，小貓就會偷襲寶寶。沒多久，就發現寶寶開始會到處亂尿尿，而且有時尿液是紅色的，最後寶寶媽就帶著寶寶到醫院就診了。

下泌尿道疾病在貓咪是常見的疾病之一，而發生的症狀大部分類似，如頻尿、排尿困難、血尿等。雖然症狀類似，卻是由不同原因引發，如感染、結石、尿道阻塞、腫瘤等。

此外，不同年齡會有不同的發生原因。一般而言，十歲以下的年輕貓咪最常見的是自發性膀胱炎，其次是尿路結石和尿道栓塞；而大於十歲的老年貓咪，感染、尿路結石與腫瘤則是比較常見的原因。

貓咪的自發性膀胱炎（Feline idiopathic cystitis；FIC）是一種膀胱內沒有病原菌感染、沒有結石刺激，但有發炎的過程。之所以會稱為「自發性」，是因為貓咪在發生下泌尿道疾病並出現症狀時，做了與泌尿道疾病相關的檢查排除後，仍找不到具體原因，就將這類膀胱炎歸因於自發性膀胱炎。

貓咪的自發性膀胱炎與人類的間質性膀胱炎有許多共通點，包括症狀、復發傾向，以及疾病與壓力之間的關係；但目前病因尚未完全了解，因此缺乏診斷標誌物和持續有效的治療。

大部分自發性膀胱炎的貓咪在治療後，症狀可能會在 3 至 7 天內恢復，不過有 65%以上的貓咪會在 1 至 2 年內反覆發生。當自發性膀胱炎貓咪的症狀持續數週至數個月或經常復發時，這樣的狀況會被歸類為慢性自發性膀胱炎。

當貓咪長時間反覆發生自發性膀胱炎，可能會造成膀胱內部環境的改變，而容易產生結晶或尿道栓子。其中又以公貓最常因為結晶或尿道栓子引發下泌尿道阻塞，嚴重者甚至會危及生命。不過，公貓也可能在沒有尿道栓子時發生阻塞，主要是因為尿道嚴重發炎和疼痛導致的尿道痙攣所引起。

所以，當自發性膀胱炎發生在公貓時，要更加留意貓咪排尿狀況。如果貓咪會一直頻繁跑貓砂盆，卻又沒有明顯尿液排出或無法確定排尿狀況時，就先帶往醫院，請醫生確認貓咪膀胱的狀況。

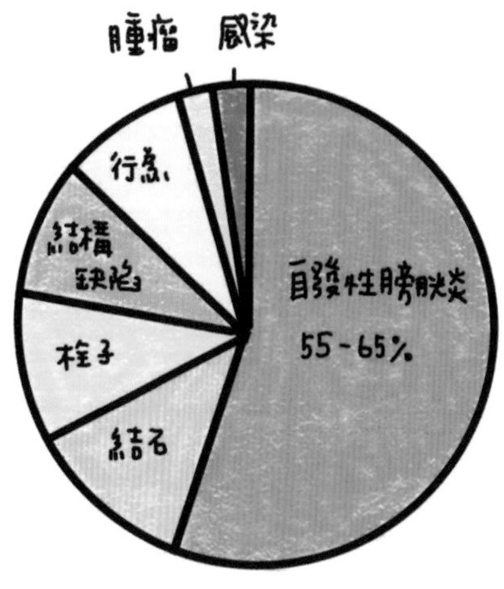

◀ 自發性膀胱炎佔貓咪下泌尿道疾病的一半以上

ⓘ人ⓘ✦

自發性膀胱炎的發病機制

自發性膀胱炎的發生原因至今還不是很清楚，也比想像中複雜，似乎是與膀胱、中樞神經系統和內分泌系統（如腎上腺）之間的相互紊亂有關。

目前知道的是，壓力在貓咪自發性膀胱炎的發病機制中扮演了重要的角色，它是觸發或惡化自發性膀胱炎的重要因素。

▲ 貓咪自發性膀胱炎的發生與中樞神經及內分泌系統有關

1. 膀胱因素

貓咪的膀胱壁上有一層糖胺聚糖（Glycosaminoglycan；GAG）覆蓋在上面，它可以防止尿液的有害成分（如尿素）滲透到尿路上皮和下層組織所引起的發炎反應。

但自發性膀胱炎貓咪的糖胺聚糖層被破壞，增加了膀胱壁的通透性，這樣的改變導致尿液中的有害成分滲入膀胱組織中，最後引起「神經性炎症反應」，增加了貓咪對疼痛的感覺，以及出現膀胱炎的症狀。

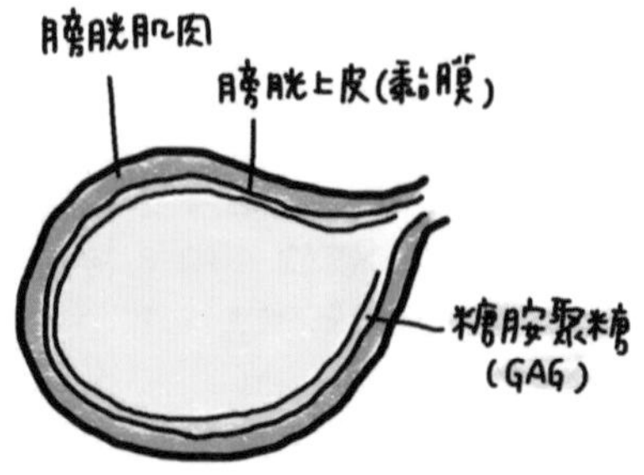

▲ 健康的膀胱黏膜有一層糖胺聚糖，
可以提供保護

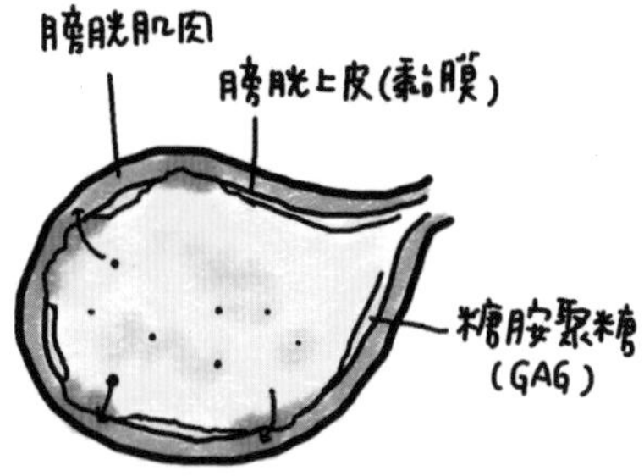

▲ 自發性膀胱炎的貓咪，膀胱糖胺聚糖分泌減少，
使保護降低，更容易發炎

2. 中樞系統與內分泌系統因素

在人類，長期的慢性壓力會導致生理上的改變，容易引起疾病發生。貓咪也是一樣，只不過自發性膀胱炎的貓咪，對於壓力的反應會比正常貓咪更為敏感。

正常貓咪處於壓力時，壓力會刺激大腦並活化壓力反應系統「戰鬥或逃跑」的反應（Fight-or- flight response）。交感神經的興奮會讓身體在面對壓力時，做出防禦或逃跑的準備，在此同時，也會增加交感神經從脊髓輸入到膀胱的感覺神經；為了不讓交感神經

「失控」，腎上腺會釋放皮質醇來控制壓力反應，也就是減弱過度的交感神經反應，抑制有害的信號進一步傳到大腦。

◀ 正常生理的壓力反應系統 _1：
壓力或疼痛刺激大腦的壓力反應系統

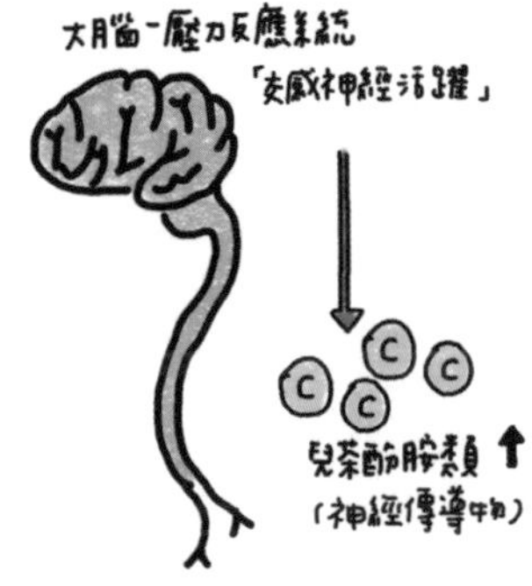

◀ 正常生理的壓力反應系統 _2：
交感神經活躍，釋放兒茶酚胺類
* 兒茶酚胺類能刺激心跳加速、血壓上升等

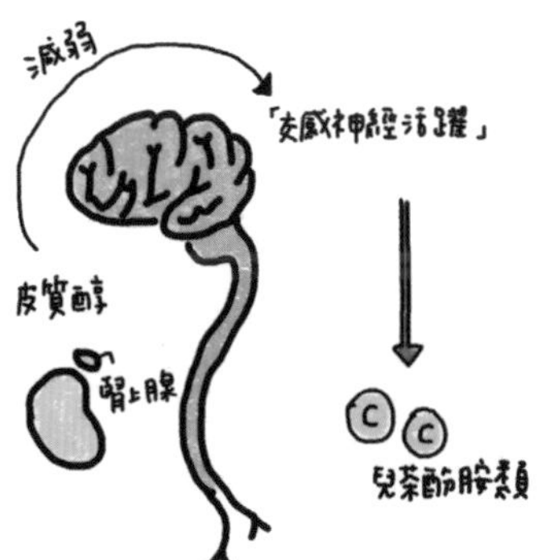

◀ 正常生理的壓力反應系統 _3：
身體有一些反應能阻止交感神經過度活躍，例如腎上腺分泌的皮質醇

但是，有自發性膀胱炎的貓咪，皮質醇反應遲鈍，無法有效抑制交感神經輸入到膀胱，過度活化的交感神經增加了膀胱內感覺神經（如疼痛纖維）的刺激，而將疼痛的訊息傳回大腦。自發性膀胱炎貓咪的感覺神經元比正常貓咪更敏感，因此感受到的疼痛會更加劇烈，再加上交感神經活化也會增加膀胱上皮的通透性，使尿液中有害物質刺激膀胱壁的感覺神經，導致膀胱的炎症和疼痛。

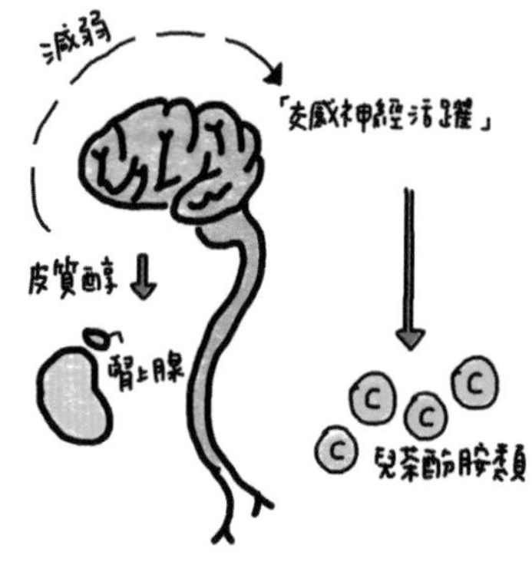

▲ 自發性膀胱炎貓咪抑制交感神經的反應較弱，
例如皮質醇的分泌比較少

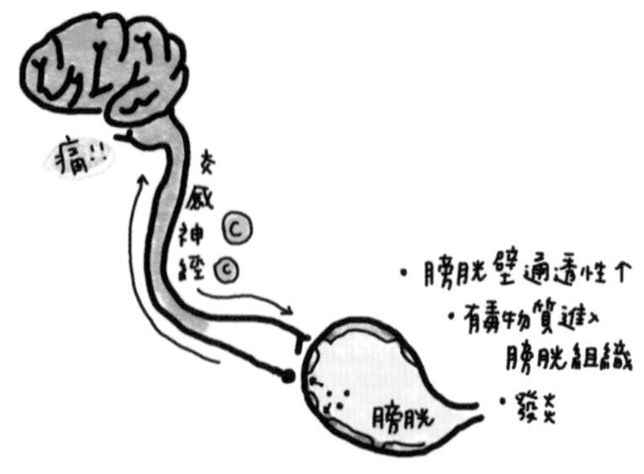

▲ 壓力反應系統對膀胱的影響

ⓘ人ⓘ✦

壓力與自發性膀胱炎

跟狗狗相比，貓咪對於環境的壓力更加敏感。每隻貓咪面對壓力的感受程度不盡相同，這跟每個個體在社會化階段的經歷、過去曾經碰到壓力的嚴重程度和持續性，以及面對壓力的學習有關。除此之外，遺傳因素和母貓懷孕過程因素也都會影響日後貓咪面對壓力時的反應。

舉例來說，當貓咪正在小心翼翼接觸未知事物時，如果受到了驚嚇，甚至對這個事物留下不好的印象，事物本身就成了貓咪的壓力源，以後只要再接觸類似的事物，貓咪就會變得更加緊張且敏感。又或者是小貓的父母本身對外界環境容易感到緊張和壓力，或是母貓在懷孕過程中處在壓力的環境下，生出來的小貓也會容易感到焦慮和緊張。

▲ 貓咪對環境改變的壓力敏感，以外在表現來評斷並不準確

哪些狀況容易增加貓咪生活中的壓力？

大部分的貓咪習慣在穩定的環境中生活，當生活環境改變，或是處在有壓力源的情況下，就會容易變得焦慮、緊張或恐懼，這些都會增加自發性膀胱炎的發生機會。

- 在多貓飼養的家庭中，貓咪之間的衝突是誘發壓力形成的重要因素，特別是處於弱勢的貓咪和家中其它貓咪的衝突持續存在時，另一隻貓咪的聲音、氣味和行為對弱勢貓咪來說都是威脅和壓力源。
- 家庭成員變動：家人陪伴時間、陪伴成員或新加入成員（包含人或貓）等改變，也會造成貓咪無形的壓力。
- 貓咪生活上的改變：如搬家、房子裝潢、食碗和水碗放的位置、餵食方式和食物的改變、與家中其它貓咪共同使用食碗等，對貓咪而言也是壓力。
- 上廁所的環境有問題：可用的貓砂盆的數量不足、貓砂盆放置位置不適當或不乾淨、不適合的貓砂種類，可能會造成貓咪排尿行為的問題。
- 居住環境無法滿足貓咪的自然行為（如缺少磨爪、躲藏、休息、狩獵／玩耍等空間），會讓活動力較旺盛或需要生活多樣性的貓咪產生壓力。

▲ 家中的「資源」不足會影響貓咪情緒

哪些貓咪容易有自發性膀胱炎？

- 2 至 7 歲的年輕貓咪患病風險高，隨著年齡增長，自發性膀胱炎的復發率和嚴重程度會開始降低。
- 容易緊張、焦慮的貓咪會增加患病機會，像是不熟悉的客人來訪，貓咪會先找地方躲藏。
- 喝水量或喝水頻率較少的貓咪。
- 肥胖貓咪的發生機率相較於體態正常的貓咪高。

ⓘ人ⓘ✦

症狀

- 排尿困難或疼痛。
- 頻繁進出貓砂盆，但尿只有一點點。
- 在貓砂盆內蹲了很久，但沒有任何貓砂塊形成。
- 貓砂塊上帶有血跡。
- 在貓砂盆以外的地方排尿。
- 貓咪會一直舔生殖器的周圍。

▲ 貓咪可能因排尿不適而一直舔

飲食管理

貓咪自發性膀胱炎的治療目標，主要是在緩解症狀和疼痛、減少壓力並降低復發的機率。

治療自發性膀胱炎無法只靠飲食來改善症狀，大多還是要著重藥物治療，合併飲食管理和環境調整來改善或降低疾病的復發。

1. 增加水分攝取

人類患有膀胱炎時，醫生大多會建議多喝水以緩解膀胱炎的症狀，在貓咪也一樣，從沙漠環境演化而來的貓咪，尿液濃縮功能強大，就算喝水量不多也能存活。儘管如此，增加患有泌尿道疾病貓咪的喝水量，可以增加排尿量和排除尿液中有害物質，達到緩解症狀及降低疾病的復發率。

如果是因為壓力引起的自發性膀胱炎，增加喝水量雖然能減輕症狀，但不一定會得到完全的改善，最終仍要減少貓咪的壓力才能有效治療自發性膀胱炎。

▲ 增加喝水量，可以增加尿量的排泄

Q & A

Q、食物種類對改善自發性膀胱炎有幫助？

A、如果不考慮食物成分和進食頻率，吃濕食的貓咪在水分攝取、尿液濃度和排尿量上的確比吃乾食好，對於降低自發性膀胱炎發生和復發率有幫助。

貓咪吃乾食的尿量會比吃濕食少約 40%，喝水量減少會造成尿液濃縮，增加尿液中有害物質的濃度；當膀胱黏膜層有狀況時（如通透性改變），這些有害物質就會增加膀胱的刺激及發炎機會。

因此，可試著增加貓咪的喝水量以降低尿液的濃縮，稀釋尿液中的有害激刺物質（如尿素），有助於改善症狀並減少復發。

▲ 濕食會產生較多尿量

Q & A

Q、餵食餐數也會影響自發性膀胱炎？

A、比起食物的種類（如乾食或濕食）或是飲食中的成分，少量多餐的餵食方式或許更能有效增加貓咪喝水量。不論濕食或乾食，吃固態飲食時會刺激貓咪去喝水，因此增加餵食餐數較能增加貓咪的喝水量和頻率。

如果貓咪可以接受，在飲食中加些水，也能增加貓咪喝水量。此外，少量多餐的排尿次數和總尿量也會比較多，增加排尿量可減少尿液中有害物質接觸膀胱壁的時間，這對自發性膀胱炎的貓咪是有幫助的。

但必須注意，改變飲食內容或餵食方式，對貓咪來說也是一種壓力，所以盡量不要太頻繁幫貓咪換食物；如果要換食物，在貓咪能夠接受的範圍內循序漸進調整。

就像有些貓咪只愛乾食，看到濕食就一口都不碰，寧可餓到吐也不願吃，這樣的貓咪就只能慢慢將濕食比例增加，讓他習慣並接受濕食。

▲ 少量多餐有助提高飲水量

2. 泌尿道處方飲食

目前自發性膀胱炎的貓咪還沒有理想的治療性飲食，那麼貓咪下泌尿道的飲食管理是否適合自發性膀胱炎的貓咪？是有幫助的，這類飲食除了可以預防結晶形成，添加的抗氧化和抗焦慮物質對於自發性膀胱炎也有助益。

a. **適度酸化尿液**

自發性膀胱炎也可能與磷酸銨鎂栓子形成有關，泌尿道處方飲食除了控制飲食中鎂和磷的含量，也具有酸化尿液的效果，可以預防這類栓子形成，這在公貓下泌尿道阻塞的預防上尤為重要。

b. **抗氧化和抗發炎物質**

「發炎」在貓咪下泌尿道疾病中最常引起疼痛反應，因此緩解發炎是非常重要的一部分。在下泌尿道管理飲食中，會添加 Omega-3 脂肪酸和維生素 E，主要是因為長鏈 Omega-3 脂肪酸（特別是 EPA 和 DHA）具有較強效的抗炎症作用；而維生素 E 可以預防膀胱組織受損，也具有抗氧化與降低發炎的作用，有助於自發性膀胱炎症狀的緩解和降低復發率。

c. **抗壓力和焦慮物質**

除了抗氧化劑，飲食中還會添加可降低壓力和焦慮的營養成分，幫助減少貓咪自發性膀胱炎的形成。

♦ **L-色胺酸**（L-Tryptophan）

L-色胺酸是一種必需胺基酸，也是大腦血清素的前體，可以刺激大腦血清素（Serotonin）合成，以及抑制大腦中的神經傳遞物質，進而平衡貓咪的情緒。焦慮的貓咪通常容易缺乏血清素這種神經傳遞物質。

♦ **水解酪蛋白或稱 α-酪蛋白**（α-Casozepine）

一種來自牛奶的蛋白水解物，有助於緩解焦慮，α-酪蛋白對大腦中的 γ-氨基丁酸（Gamma-aminobutyric acid；GABA）受體具有親和力，因此會產生類似苯二氮平類

(Benzodiazepines) 藥物的反應，可讓貓咪鎮靜和放鬆。

♦ **L-茶胺酸** (L-Theanine)

綠茶中的一種胺基酸，是一種抑制性神經傳遞物質，可以經由阻止神經傳遞來緩解焦慮反應，還可以增加血清素和多巴胺的值，因此能用在容易焦慮和緊張的貓咪。

不過，這些營養物質不能取代藥物治療或環境調整，只是一種輔助性治療，可能有助減少藥物使用量或是縮短治療期間，但無法單靠這些營養物質避免自發性膀胱炎再度發生。

◎人◎✦

環境管理

生活在室內的貓咪，可能會因為遷就人類生活環境而壓抑了原來的本性。我們常會不自覺讓貓咪來適應人類的生活，卻不太會為了貓咪而改變生活環境。當生活環境長時間變得無聊，無法滿足或讓貓咪感到安心時，就容易造成壓力，而慢性壓力對貓咪的影響似乎會更大。

因此，除了飲食管理，別忘了環境改變對貓咪壓力的影響，改善環境和減輕環境帶給貓咪的壓力，有助於減緩自發性膀胱炎的嚴重程度或降低疾病複發率。

▲ 居家環境無法滿足貓咪自然行爲時，
會影響貓咪情緒

1. 食

a. 讓每隻貓咪各自擁有進食的地方，增加進食隱私，減少相互影響進食的情緒。

b. 保持食物和飲水的新鮮，並每天清潔碗盆。

c. 經常更換飲食對有些貓咪來說也是一種壓力，因此幫貓咪更換食物時，要花時間慢慢讓他適應新飲食，減少換食物的壓力。

2. 住

a. 盡可能讓每隻貓咪都有自己的專屬位置（空間）或藏身之處，可以減少家中貓咪的衝突以及躲避威脅。

b. 任何環境的改變都應該慢慢來（如飲食改變、家裡東西擺設改變等），讓貓咪有足夠時間去適應，避免造成壓力。

c. 選擇貓咪喜歡的貓砂盆和貓砂種類，而不是選擇人類覺得適合的。因為對人類來說便利清潔的貓砂或貓砂盆種類，卻不一定是貓咪會喜歡的，這會造成貓咪如廁的壓力。

貓砂 & 貓砂盆

¤ 貓砂：

大部分的貓咪喜歡凝結、無味的、顆粒較小的貓砂，對他們來說踩在上面是舒服的。相反的，有些貓咪討厭顆粒較大的貓砂（如崩解型木屑砂），踩在上面可能像踩在健康步道上，自然就不愛在貓砂盆內上廁所啦！

¤ 貓砂盆：

應該沒有人會喜歡在充滿臭味的廁所內如廁，貓咪也是一樣。一般建議使用開放型貓砂盆，比較不會讓味道留在砂盆內，貓砂盆放置的位置也要在較隱密的地方，讓貓咪上廁所時不會被打擾。

除了每天清理貓砂盆之外，貓砂盆至少一個月要用溫水和肥皂水清洗一次。此外，塑膠材質的貓砂盆長時間會吸收氣味，應考慮定期更換新的貓砂盆。

最後，在家中應該要有適當數量的貓砂盆，例如每 1 至 2 個房間都有一個貓砂盆，讓貓咪可以輕鬆找到上廁所的地方。

▲ 貓砂的整潔度會影響貓咪的情緒

3. 樂

a. 提供適當的玩具、遊戲或休息場所，如貓抓板、藏身之處和攀爬平台；增加生活環境的變化性，除了可以增加貓咪的活動量，對降低壓力也有幫助。

b. 家長可以增加與貓咪的遊戲互動時間，豐富生活樂趣，但每天的互動時間必須規律（如固定的玩耍時間），不規律的生活也容易造成貓咪的壓力。

發生自發性膀胱炎的相關因素很多，除了貓咪本身複雜的心理因素，各種環境的壓力也需要特別注意。

因此，在控制貓咪自發性膀胱炎的方法中，必須因應各種可能性來調整，多方面的改善對於預防疾病復發很重要；如果只調整單一部分（如藥物或營養品給予）卻沒有改變環境因素，貓咪仍有機會再次復發膀胱炎。

因此，藥物、飲食和環境管理必須同時調整，才能有效降低疾病再發生。

3-7
下泌尿道結石（Feline urolithiasis）

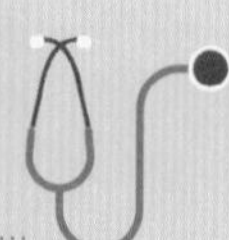

哆比
8 歲，藍白英短，絕育♂

哆比在幾年前發生膀胱結石，也因結石開了 2 次刀，將小結石取出。結石分析的結果是草酸鈣結石，無法以飲食或藥物來預防，只能多喝水預防結石再形成；如果再次形成結石，也只能以開刀方式取出。

從此之後，哆比媽就一直很注意哆比排尿的狀況。在第 2 次開刀後沒多久，哆比又再次形成結石，這次是一顆小結石卡在尿道，哆比只能做尿道造口的手術將結石取出。

之後幾年，哆比媽給哆比的飲食以泌尿道處方罐頭和乾飼料為主，哆比的結石就沒再復發過；後來慢慢從處方罐頭轉變成一般罐頭，但讓哆比多喝水一直是哆比媽每天都會做的事。至今，哆比仍會定期回診做膀胱超音波檢查，膀胱狀況都維持得很好。

哆比的手術完成了，這顆膀胱結石我會幫忙送檢分析是什麼成分。
報告出來了，是草酸鈣結石，這種結石很難纏，請一定要定期回診，多喝水…
1
2

回家後…
哆比乖，醫生說我們要多喝水
咦？最近尿塊好像變小了，也比較多呢…
過了沒多久…
3
4

某一天…
哆比在尿尿，來看一下…
蹲那麼久怎麼沒尿塊!?要趕快去看醫生了!
5
6

醫院…
唉呀…哆比的膀胱又有結石，而且這次卡住尿道啦…
這次的狀況不太一樣，可能要合併其他手術才能解決問題喔。我們再來討論一下吧!
7
8

泌尿道結石症（Feline urolithiasis）在貓咪也是常見的疾病之一，泌尿道結石會發生在泌尿道的任何位置，像是腎臟、輸尿管、膀胱和尿道。在這個章節中就會講述貓咪泌尿道結石最常發生的部位：下泌尿道系統，也就是膀胱以及尿道。

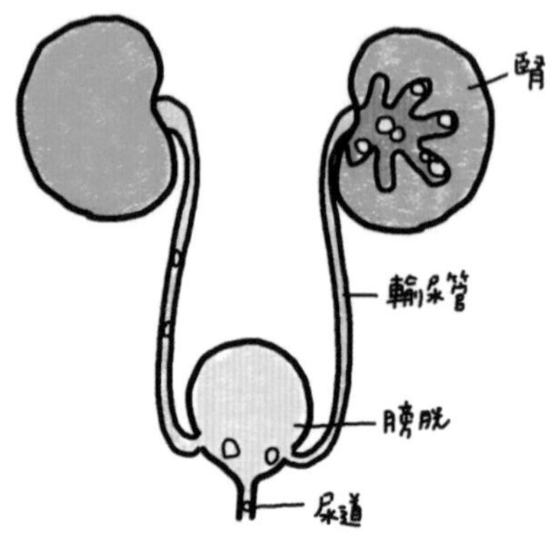

▲ 泌尿道結石可能發生在泌尿系統的任何位置

之前曾遇到家長問：貓咪的膀胱結石是砂盆中的貓砂進到膀胱內的嗎？不是的喔！這些結晶體或是結石，其實來自於泌尿道系統內的溶質。

貓咪的尿液是由許多種物質組合而成的溶液，除了身體的代謝廢物、水分和微量元素外，在尿液濃縮的環境下，礦物質（如草酸鹽、鈣、磷酸鹽、鎂等）會滯留在尿液中；當尿液中的礦物質越來越多，並長時間沉澱在膀胱內時，它們會聚集並形成結晶體，接著結晶就聚集形成結石。

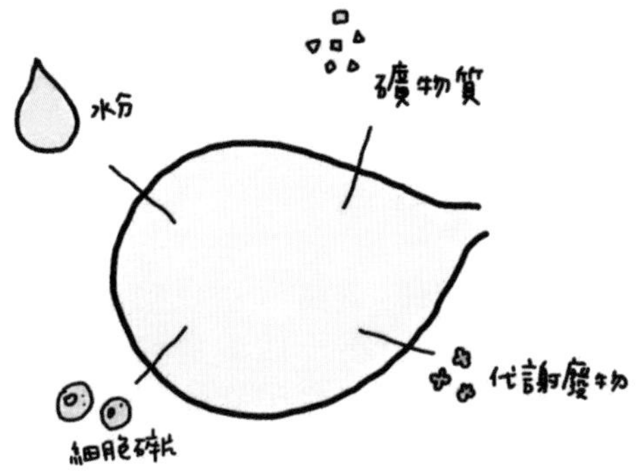

▲ 尿液中除了水分，
還有其他多種代謝廢物及微量元素

此外，公貓和母貓的尿道生理構造有很大的不同，所以結石在下泌尿道疾病中造成的影響也會不同。

公貓的尿道比母貓細且長，在膀胱中形成的小結石如果從膀胱往尿道移動時，有很高的機率會造成尿道阻塞；而母貓因為尿道短且寬，排出體外的機會相對較高，比較不容易造成尿道阻塞。

因此，不要輕忽小結石在貓咪泌尿道造成的嚴重影響，當看到貓咪頻繁進出貓砂，卻沒有正常結塊的貓砂形成時，就要趕快帶貓咪到醫院檢查。

原因

貓咪下泌尿道結石的形成通常與多種原因相關。外在因素如飲食、喝水量和久坐不動的室內生活方式，另外也有許多內在因素會增加結石形成，如品種、年齡、性別、基因和代謝性等。

除了上述條件，尿液的酸鹼度也會影響結石形成及種類，例如酸性尿液中容易形成草酸鈣結石，鹼性尿液中則是磷酸銨鎂結石。飲食和身體代謝因素會影響尿液酸鹼度，舉例說明，飲食中如果含有一些酸化物質，如蛋胺酸、磷酸等，可以降低尿液 pH 值。

影響結石形成的因素非常多，結石的種類自然不會只有一種，在本章節中會把貓咪最常見的兩種結石：磷酸銨鎂和草酸鈣結石提出來討論。

▲ 結石有許多種類，差別在於礦物質組成不同

Q & A

Q、肥胖和「久坐不動」的生活方式，為何是下泌尿道結石形成的危險因素？

A、「沙發馬鈴薯」的生活方式 (Couch potato lifestyle)，容易造成人類的肥胖，而現今生活在室內的貓咪不也一樣嗎？不用外出獵食或是維護領地，若無控制進食量，再加上絕育手術，這些都降低了貓咪的活動力，並增加了肥胖形成的機會。

更重要的是活動量減少，也減少了貓咪主動喝水的頻率和排尿量，使尿液滯留在體內的時間變長，增加尿液濃縮以及結石形成的機會。

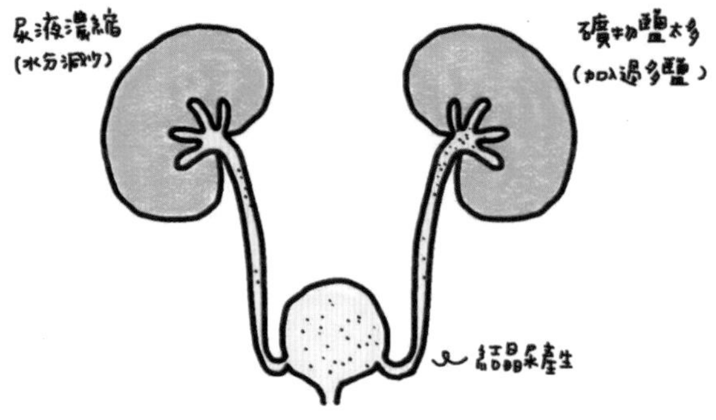

▲ 當尿液濃縮或攝取過多鹽類、礦物質，就可能導致結晶尿甚至結石

ⓘ人ⓘ✦

結石形成的機制

結石如果不是從體外跑到膀胱內，那麼結石是怎麼形成的呢？結石的形成其實是複雜的，在這裡用比較簡單且好理解的方式說明。結石要形成有兩個主要條件：

1. 尿液中必須要有高濃度的尿結石形成成分，如鈣、磷酸鹽、鎂等。
2. 膀胱裡面的尿液會有一種或多種晶體達到超飽合狀態（即過飽合）。

第 1 點應該很好理解，那第 2 點提到的「超飽和狀態」應該就有點疑惑了吧？

當有一定量的溶質加入溶劑中，而溶質不能再繼續溶解於溶劑中時，就達到飽和（Saturation）狀態，如同水和食鹽，杯內液體超過飽和門檻時，多的食鹽再怎麼攪拌都無法崩解；而超飽和（Supersaturation）則是溶劑達到飽和狀態，但溶質過多，並且溶質沉澱速率大於溶解速率，沉澱的溶質就會開始結晶化。

▲「未飽和」與「飽和」的概念，
飽和的溶液（鹽水）無法再容納更多的溶質（鹽）

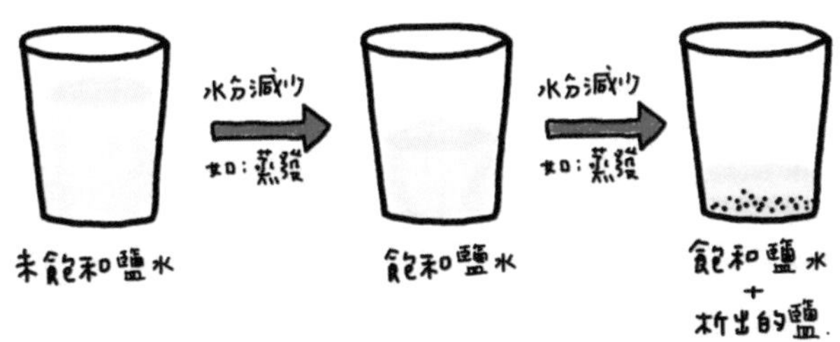

▲ 當溶液中的水分減少時，可能使溶液飽和並析出溶質

▲ 超飽和狀態：飽和狀態下溶質越來越多，
使沉澱的溶質開始結晶化

同理，當尿液中存在過多的鈣、磷酸鹽、鎂等物質，這些物質持續存在於膀胱中並達到飽和，甚至是超飽和狀態時，就會開始結晶化，進而形成晶體。當晶體長時間聚集和滯留在超飽和的尿液中，最後就會形成結石。

1. 磷酸銨鎂（Magnesium ammonium phosphate）

磷酸銨鎂結石也可以稱為鳥糞結石（Struvite），是貓咪下泌尿道結石症中最常見的結石種類。正常貓咪的尿液中本身就有少量的磷酸銨鎂晶體存在，但不代表就容易造成疾病形成。但當膀胱內的環境有利於這些晶體生長時，就會開始聚集成結石。

磷酸銨鎂結石形成取決於很多因素，包括尿液飽和度、是否存在沉澱促進劑（如磷酸鹽和鎂）、尿液 pH 值和尿液體積等。例如，當尿液中鎂、銨和磷酸鹽的濃度增加，尿液 pH 值偏鹼性，以及排尿量減少時，這些條件同時存在，會增加結石形成的機會。

▲ 磷酸胺鎂結石／結晶常見於無菌性的鹼性尿液

磷酸銨鎂結石一般分成非感染性和感染性，在貓咪以非感染性結石為常見；狗狗則是感染性。感染性結石較常發生在小於 1 歲或大於 10 歲的貓咪。當膀胱內有細菌感染，同時這些細菌又具有產生脲素酶的能力時，就容易產生磷酸銨鎂晶體，進而形成感染性的磷酸銨鎂結石。

在這種情況下，飲食成分就不是磷酸銨鎂結石形成的主要原因了，因為細菌才是磷酸銨鎂結石形成的關鍵因子。所以，貓咪尿液的細菌培養對於治療下泌尿道結石是重要的診斷依據。

◀ 有些細菌會使磷酸胺鎂結晶更易生成

2. 草酸鈣（Calcium oxalate）

草酸鈣結石形成的相關原因目前尚不清楚，但與尿液中鈣和草酸鹽過多有關。當尿液中的鈣和草酸鹽是超飽和狀態，加上尿液的 pH 偏酸時，就容易形成草酸鈣結石。

和磷酸銨鎂結石一樣，飲食和代謝因素也會影響草酸鈣結石產生。例如，給予高鈉飲食（過度利尿）或是飲食中含有過量維生素 D 或維生素 C，都會增加體內鈣和草酸鹽的產生和排泄；此時，如果貓咪的排尿量減少，導致尿液中鈣和草酸鹽飽和度增加，就會增加草酸鹽和鈣結合形成結石的風險。

此外，草酸鈣結石的形成可能也與高血鈣症有關，當血液中鈣濃度過高時，為了維持體內的平衡，就會將過多的鈣排泄到尿液中，這時也會增加草酸鈣結石形成的危險。

◀ 草酸鈣結石／結晶常見於酸性尿液

症狀

貓咪下泌尿道結石的症狀與自發性膀胱炎是類似的（參照 P.278 自發性膀胱炎），結石也會引起貓咪下泌尿道的發炎和疼痛。

飲食管理與下泌尿道結石

膀胱內的結石大多可以先從飲食管理（如給予處方飲食）、增加貓咪喝水量，來加速結石崩解和排出。當結石過大，或是混合其它成分無法溶解排除的結石，才會考慮以外科方式取出。

◀ 有時一顆結石會有不同成分，稱爲混合性結石

在結石崩解或排出這段期間，貓咪還是會因為結石對膀胱黏膜的刺激，而持續出現頻尿或血尿的症狀。此外，只要結石持續存在於膀胱內，還是可能會造成泌尿道阻塞（尤其是公貓），當結石造成尿道阻塞時，得靠外科手術移除。

而飲食營養管理主要還是在預防結石的復發，以降低尿液的飽合濃度，穩定尿液 pH 值，並減少磷酸鹽、草酸鹽等物質停留在膀胱內的時間，達到預防結石形成

◀ 給予處方飼料通常能有效的溶解磷酸胺鎂結石

的目標。此外，「增加貓咪的喝水量」不論在哪種泌尿道結石也都是預防復發的方式之一。

1. 磷酸銨鎂結石的飲食管理

磷酸銨鎂結石的飲食管理目標主要是在預防及溶解結石，因此治療飲食建議上包括增加喝水量和給予處方飲食，對於控制尿液中磷和鎂的濃度及酸化尿液有幫助。增加喝水量可以稀釋尿液及降低尿液飽和度；而飲食中有控制鎂和磷的含量，及添加酸化尿液的成分（如蛋胺酸），所以能有效降低尿液的 pH 值，減少鎂和磷酸鹽排泄於尿液中。

大部分的貓咪接受泌尿道處方飲食治療後，結石平均會在 1 ～ 3 個月左右崩解（依結石大小而有不同）並排出。建議在結石完全崩解排出前，除了觀察貓咪的排尿狀況外，最好能定期做尿液分析和膀胱尿道影像學檢查，直到確定結石崩解或排出為止。

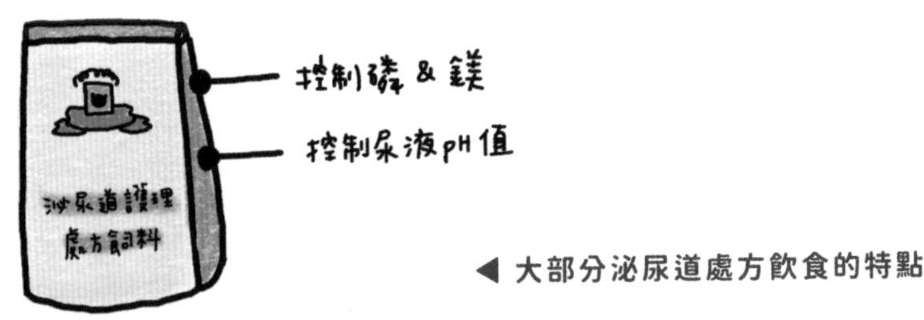

◀ 大部分泌尿道處方飲食的特點

如果給予處方飲食一段時間後，結石還是存在於膀胱內，那麼結石成分可能不單只是磷酸銨鎂，也許含有其它成分的礦物質（如混合性成分），這時可能會需要外科方式移除結石。另外，如果尿液的細菌培養結果有細菌感染，磷酸銨鎂結石是屬於感染性，除了處方飲食，還需要加上適合的抗生素來控制感染狀況，才能有效溶解和預防結石。

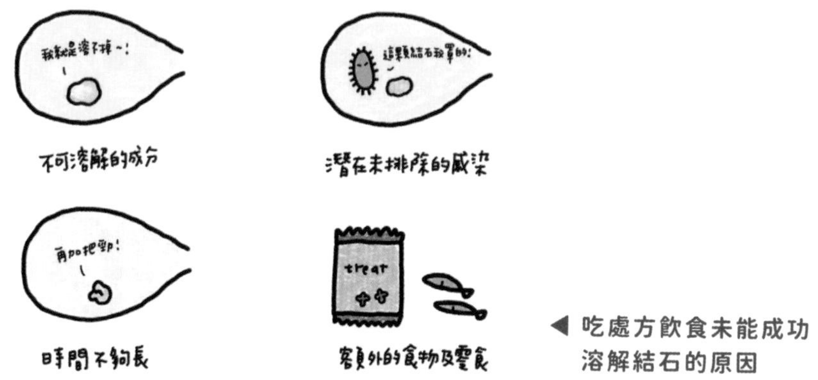

◀ 吃處方飲食未能成功溶解結石的原因

Q & A

Q、高鈉飲食對泌尿道結石的貓咪一定是好的嗎？

A、不是。高鈉飲食會增加貓咪的喝水量和排尿量，並降低尿液的飽和度，但高鈉飲食也會增加尿鈣的排泄，持續的尿鈣排泄，可能會增加草酸鈣結石形成機會。

此外，並不是所有泌尿道結石貓咪都適合高鈉飲食，如在年幼小貓、患有腎臟或心臟疾病的貓咪等，是比較不適合高鈉飲食的族群。因此，在給予高鈉飲食前，請先和醫生討論貓咪的狀況是否適合。

※Na=鈉

◀ 高鈉飲食對患有腎臟和心臟疾病的貓咪會造成負擔

Q、高蛋白飲食會增加結石的形成？

A、在人類，攝取大量的動物性蛋白質有增加草酸鈣結石形成的風險，動物性蛋白質會增加鈣和草酸鹽排泄到尿液中，而減少檸檬酸鹽排泄到尿裡，因此增加了草酸鈣結石的形成機會。但在貓咪，有報告提出不同的意見，認為高蛋白質飲食似乎可以防止貓咪草酸鈣結石，並增加尿量排出。

一項研究中發現，在給予貓咪乾食的情況下，隨著飲食蛋白質的增加，草酸鈣相對超飽和度會輕微增加，但在濕食則不會。而另外兩項研究中認為，增加飲食蛋白質與持續的鈣排泄增加或尿液 pH 值的降低無關。因此，患有泌尿道結石的貓咪是否需要限制蛋白質飲食還是有爭議的。

雖然飲食蛋白質對貓咪泌尿道結石形成的影響需要更多研究報告來證明，不過，在預防貓咪泌尿道結石的飲食上不需要刻意限制蛋白質的攝取，但要避免攝取過高的飲食蛋白質。根據患有泌尿道結石貓咪的身體狀況，來選擇適合的飲食蛋白質為宜。

◀ 適量的蛋白質能預防草酸鈣結石

2. 草酸鈣結石的飲食管理

草酸鈣結石和磷酸銨鎂結石不同，無法用泌尿道處方飲食來溶解草酸鈣結石，因此飲食管理目標主要是在降低結石復發。一旦草酸鈣結石形成，或許要用外科方式移除結石；術後如果沒有幫貓咪做好預防性飲食管理，草酸鈣結石有可能會在短時間內再復發。

增加喝水量可以降低尿液中溶質（如草酸鹽）的飽和度、改變尿液 pH 值，並減少尿鈣和草酸鹽的排泄，是預防草酸鈣結石形成的方法。此外，預防性的定期回醫院檢查（如尿液檢查），也能幫助預防草酸鈣結石形成。

Q & A

Q、在飲食中添加檸檬酸鹽？

A、泌尿道處方飲食中大多會添加檸檬酸鹽，這是因為：

(1) 檸檬酸鹽是一種尿石抑制劑，可抑制草酸鈣結石的形成。
(2) 檸檬酸鹽在尿液中會與鈣結合，形成可溶性檸檬酸鈣，並降低尿鈣的濃度。
(3) 檸檬酸鹽會輕度使尿液鹼化，對於減少草酸鈣結石的形成有幫助。

◀ 檸檬酸鉀能「鹼化」尿液，並吸附尿中的鈣

Q & A

Q、限制飲食中磷的含量，對於預防草酸鈣結石有幫助？

A、有草酸鈣結石的貓咪比較不建議限制飲食中磷的含量，因為飲食中的磷過低可能會增加草酸鈣結石形成的危險。當飲食中的磷減少，會促使維生素 D 活化，接著促進腸道鈣的吸收，並增加尿液中鈣的排泄；但是，過多的磷又有可能會增加另一種結石形成的機會，所以，過度限制或是額外增加飲食磷的攝取，對於草酸鈣結石的預防不一定是好的。

Q、限制飲食中鈣的含量，對於預防草酸鈣結石有幫助？

A、「有草酸鈣結石的貓，要限制飲食中的草酸鹽和鈣」，這句話聽起來似乎是合理的，但錯誤的限制也可能增加結石形成風險。

雖然高鈣飲食會增加尿液中鈣的排泄，並可能會促進結石形成，但適當的含鈣飲食會在腸道中與草酸鹽結合，然後隨著糞便排出體外。如果降低了飲食鈣的含量，反而會增加小腸中草酸鹽的吸收，並增加尿液中草酸鹽的排泄，提高了草酸鈣結石形成的風險。因此，如果貓咪沒有高血鈣症，飲食中的鈣含量應該要適量，而不是限制。

◀ 適量的鈣能和腸道中的草酸鹽結合而隨糞便排出

Q & A

Q、蔓越莓補充品對於下泌尿道結石有益嗎？

A、人類有泌尿道問題時，會吃蔓越莓產品來減少和預防泌尿道感染，因此很多家長也會給下泌尿道疾病貓咪吃含有蔓越莓的保健品。蔓越莓含有高量維生素 C，維生素 C 除了有抗氧化作用，還具有輕微酸化尿液的作用，這對於預防磷酸銨鎂的結石是有幫助的。

雖然維生素 C 對泌尿道疾病有幫助，但前面也提到，貓咪的身體可以由葡萄糖中重新合成維生素 C，加上維生素 C 是一種代謝性草酸鹽的前體，過度補充維生素 C 的營養品，可能會增加尿液中的草酸鹽。

雖然沒有明確報告指出維生素 C 攝取過多容易增加貓咪草酸鈣結石形成的機會，但有草酸鈣結石病史的貓咪最好與醫生討論後，再決定是否要給予這類型的泌尿道營養品。

▲ 蔓越莓的補充品在泌尿道結石的狀況要特別留意

Q & A

Q、泌尿道處方飲食建議長期給貓咪吃嗎？

A、一般來說，結石溶解一個月後，並且影像學檢查也沒發現結石，可以換回一般飲食，但容易復發的貓咪有可能需要長期給予。要留意的是，即使是在吃處方飲食的情況下，也有可能復發結石，因此，要定期回診確認貓咪身體狀況及泌尿道檢查（如尿液檢驗）等，確定是否適合繼續給予處方飲食。

不同結石在營養物質的需求上會有些不同，給過多或過少對結石形成或身體狀況都有不好的影響。這些物質在體內的代謝途徑複雜，甚至牽一髮而動全身；所以有其它併發疾病、慢性疾病（如慢性腎臟病），或是不確定是否適合長期給予泌尿道處方飲食的貓咪，都需要和醫生討論後再決定飲食。

如何增加貓咪的喝水量？

不管是哪一種下泌尿道結石，增加喝水量都是很重要的預防方法。增加喝水量可以促進尿液稀釋（尿比重 < 1.040）以及增加排尿量，能減少結晶在膀胱中形成和停留時間。

要喝多少水才能讓尿液稀釋？建議貓咪飲食中的含水量要 > 75%，才能有效稀釋尿液。大部分罐裝食物中的含水量都有 > 75%，而乾食則是在 < 10 %。如果只在乾食中添加少量水分，無法達到尿液稀釋的目的，需要乾食 1.5 倍體積的水（如 1 杯乾食加 1.5 杯水）才夠，但食物加水的方式並不是所有貓咪都能接受，更何況還要再加這麼多的水。

除了食物中的含水量，餵食方式也會影響貓咪的喝水頻率。少量多餐的餵食方式通常會比一天兩餐的喝水量多，喝水頻率也會增加，進而降低尿液的 pH 值。

曾有家長為了讓貓咪多喝水，便用針筒強迫餵水，結果增加貓咪的緊迫感而發生自發性膀胱炎。因此，要讓貓咪自願多喝水一直是很多家長頭痛的問題。對於一些較敏感或挑食的貓咪，只能盡量用沒有壓力的方法讓他們自己願意多喝些水。以下提供一些讓貓咪增加喝水量的方法，可以試試看！

▲ 強迫餵水會造成貓咪緊迫

a. **保持乾淨且充足的水量**

貓咪對於氣味很敏感，聞到不喜歡的味道或是水髒了，有些貓咪就不會想去喝水。因此，經常更換乾淨且新鮮的水，也許可以增加貓咪喝水的頻率。

b. **增加貓咪喝水的場所**

有些貓咪喜歡喝桌上杯子裡的水，因此可以在屋內或桌上放置多個水杯，讓貓咪不管走到哪都有水可以喝。但是，水碗盡量不要放在貓砂盆附近，這可能會降低貓咪喝水的意願。大部分的貓咪都不喜歡在貓砂盆旁邊吃飯和喝水，所以盡可能讓水碗和食物放置的位置遠離貓砂。

c. 嘗試不同類型的水碗

- 有些貓咪比較敏感，不喜歡喝水時鬍鬚碰到碗的邊緣，可給予較大的水碗。
- 陶瓷碗較容易清潔，也比較不容易殘留氣味。
- 有些貓咪喜歡把頭埋到杯子裡喝水，也許可以在桌上放幾個貓咪專用的馬克杯，增加貓咪喝水量。

d. 嘗試提供流動水，增加貓咪自主喝水的意願

有些貓咪喜歡流動式的水，會因此變得比較愛喝水；可提供寵物流動式或噴泉式飲水機，但注意寵物飲水機需要經常清潔。

e. 在食物（乾食或濕食皆可）內加水

將水加入食物中，有助於增加貓咪喝水量。不過，加了水的食物也容易敗壞，因此，要留意放置時間。除了每天喝水的總量，喝水頻率也很重要。假設貓咪一天需要的喝水量為 100ml，「早晚各 50ml 水加入食物中」與「分四次各給 25ml 水」，相較起來後者是較好的選擇。就如人類醫生說的，不要等到口渴才喝水，而要適時補充水分。

疾病的預防往往重於治療，貓咪下泌尿道結石更是如此。因為結石的成分、有潛在性感染狀況、貓咪喝水量較少、身體本身問題（如基因）等多種原因，都有可能造成疾病反覆再發生。所以，在預防結石的形成上就更加重要了。

定期回診檢查是預防結石形成的方法之一，早期發現結晶並開始調整飲食及喝水量，都能在結石變更嚴重之前先崩解或排除它，讓貓咪免於開刀之苦。

3-8

慢性腎臟疾病（Feline chronic kidney disease）

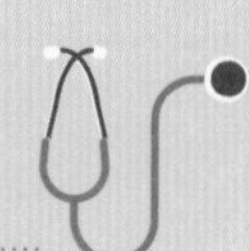

拉拉

7 歲，英國短毛貓，絕育♂

幾年前，有一家人帶著他們的貓咪來看診，拉拉是一隻英國短毛貓，大約 6、7 歲，他是一隻體格算大的公貓，但是卻很瘦，可以明顯摸到背上的脊椎骨凸起，家人因為他吃東西變少，加上體重也變輕而帶來看診。

檢查出來發現是多囊腎，腎指數也升高，因為拉拉已經不願意吃乾食，只接受一般罐頭，和家人討論後，決定先以他會吃為原則，再根據之後的狀況來調整；但建議貓罐頭內要再多加一些水，增加喝水量，加速尿毒素排泄。

經過幾週治療後，拉拉從一開始只吃罐頭到後來食慾慢慢恢復並接受乾食，甚至願意吃處方飲食，指數慢慢降低到接近正常值，體重也因此增加了不少。

我是拉拉，我的身體
出了狀況～
我時常感到口渴，
所以喝水量很多。
拉拉喝水好乖！

因為喝太多水，所以尿尿很多
我也常覺得累，脖子和腳
都沒什麼力氣

媽媽幫我準備的
食物我還是會吃。
只是我只想吃看起
來好吃一點的…
那天我實在太不舒服了，
所以吐了好幾次。

於是，媽媽帶我去看醫生…
哇。拉拉的體重
有些過輕了…脫水
的情形也很嚴重
檢查了好多項目，醫生說我有腎臟問題，我
和媽媽聽了都好緊張…腎臟病，是什麼呢？

慢性腎臟疾病（Chronic renal disease；CKD）對許多家長而言並不陌生，在貓咪的慢性疾病中算是常見的疾病。那麼腎臟在體內究竟有什麼重要的生理功能？為什麼一旦腎臟「生病」了，就可能會造成無法挽回的結果？

當身體將營養物質（尤其是蛋白質）消化吸收後產生有毒代謝物（如氨），會由肝臟代謝後產生弱毒的含氮廢物，這些含氮廢物接著會被運送到腎臟。腎臟的過濾系統會將這些含氮廢物的污水過濾，並將好的物質和水分留下，讓身體重新利用，而有毒的含氮廢物和多餘水分則排出體外。因此，腎臟就像一個「廢水處理工廠」，能將身體不需要的含氮廢物排出體外。

此外，腎臟還有其它重要功能，像是調節體內電解質和酸鹼平衡，以及促進紅血球生成等。因為這些重要的生理功能，所以身體不能沒有腎臟。

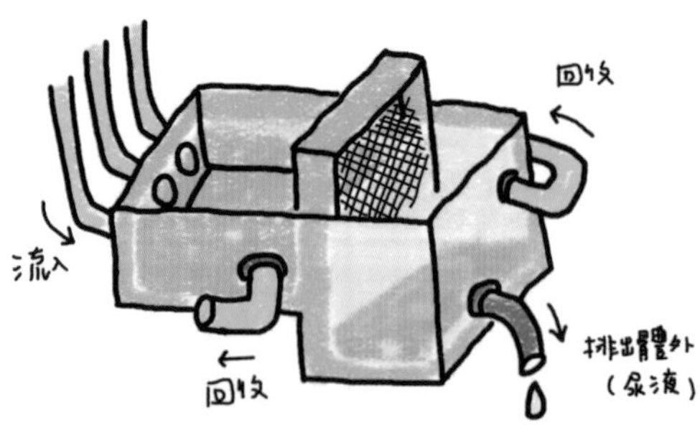

▲ 腎臟就像汙水處理廠

當腎臟受到損害後，排除含氮廢物和水分回收的能力就會降低，含氮廢物（毒素）長時間累積在身體裡，造成毒素累積而引發尿毒症，繼而影響電解質代謝及酸鹼不平衡，導致體內狀況失衡。

腎單位不像肝臟細胞具有強大的再生能力，腎臟受損的部分無法恢復正常功能，所以慢性腎臟疾病的治療，只能**延緩**腎臟的惡化，而**不能完全治癒**腎臟。

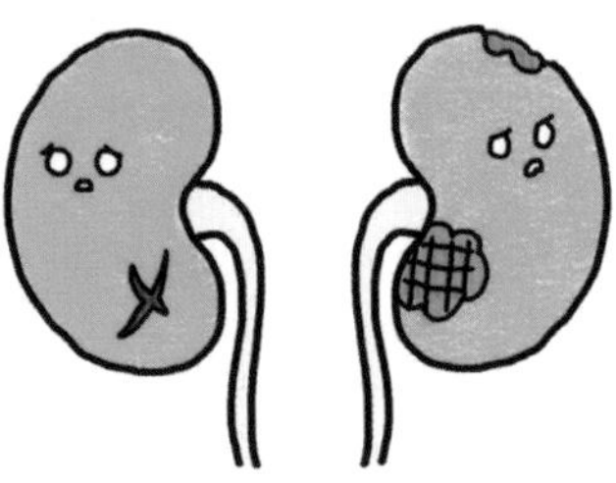

◀ **腎臟已受損的部分無法恢復**

原因

慢性腎臟疾病的定義為腎臟功能持續下降並超過 3 個月以上；造成慢性腎臟疾病發生的原因很多也複雜，任何可能引起腎臟損害或功能障礙的疾病，像是先天性或遺傳（如腎臟發育異常或多囊腎）或繼發於某些疾病（如腫瘤、感染或泌尿道阻塞），最後都可能會導致腎功能受損。

慢性腎臟疾病在老年貓咪是常見疾病，不論是什麼原因造成的，持續性腎損傷造成腎臟的纖維化會導致功能惡化，最終會造成腎臟進入末期階段和死亡。

◀ **慢性腎臟病定義爲腎功能下降持續 3 個月以上**

症狀

症狀對於很多慢性疾病而言是很重要的訊息，是身體在發出 SOS ！很多家長對貓咪有慢性腎臟疾病時會出現的症狀應該都不陌生：原本不愛喝水的貓咪會到處去找水喝，原本每日水碗內的高度不會明顯減少，卻開始明顯變少了（多喝）；每天清理的貓砂塊變大、量變多，或是貓砂的用量變大了（多尿）。

除了多喝／多尿，還有食慾減輕及體重減輕、精神變差、嗜睡，以及口腔有明顯的臭味。當貓咪出現上述症狀時，可能已經發生腎臟疾病，而且慢性腎臟疾病可能已經發生一段時間了，代表著腎功能可能剩下不到四分之一。

營養管理

很多家長都清楚飲食對慢性腎臟疾病的重要性，必須限制飲食中蛋白質和磷的含量，以及給予適當的飲水量，才能減緩腎臟惡化。這些飲食觀念在過去十幾年一直持續至今，但慢慢也都有新觀念被提出來。

限制蛋白質和磷的飲食，對於疾病狀況一定有幫助，但每隻慢性腎臟病貓咪的狀況（如體態狀況、併發症等），以及對食物的接受度都不同；除了貓咪本身的問題，家長對於慢性腎臟疾病的治療想法也是影響因素之一。

就像前面提到的，在慢性腎臟疾病中，受損害的腎臟無法恢復到正常狀態，治療目標主要在改善症狀、緩解疾病，並且讓貓咪攝取足夠的熱量和營養，盡可能維持體重和體態，以達到有品質的生活目標。

水分

當貓咪有慢性腎臟疾病時，為什麼會出現多喝和多尿的症狀？在水與能量的章節裡（請參考 P.037），有提過水分對身體的重要性，而身體水分的調節主要就是在腎臟。當體內水分過多時，腎臟會將過多的水分轉變成尿液，排出體外；若體內缺水，腎臟會濃縮尿液，將水分留在體內。

當腎臟疾病造成功能受損，導致尿液濃縮機制喪失，使腎臟保留水分的能力變差，無法將身體需要的水分回收，可能會排出比平常更多的水分（尿液）。最終，導致身體持續性脫水，也使得貓咪更加口渴，主動去攝取更多的水分；而頻繁嘔吐和厭食等症狀，也會讓慢性腎臟疾病貓咪更容易脫水。

▲ 腎臟能調節身體的水分

當慢性腎臟疾病的貓咪長期處於脫水狀態時，會造成腎臟的血流量減少，導致腎臟缺血並更加惡化腎臟功能。此外，脫水狀況也會讓貓咪在疾病過程中增加便祕發生的機會。

雖然知道增加喝水量能改善身體的脫水和疾病狀況，但貓咪並不會因此主動去多喝水，即使強迫貓咪喝水，大概也是吐出來的比喝進去的多，反而會增加貓咪的壓力。只能依據每隻貓咪喜歡的喝水方式和個性，選擇能讓貓咪自己願意多喝些水的方法（請參考 P.315）。

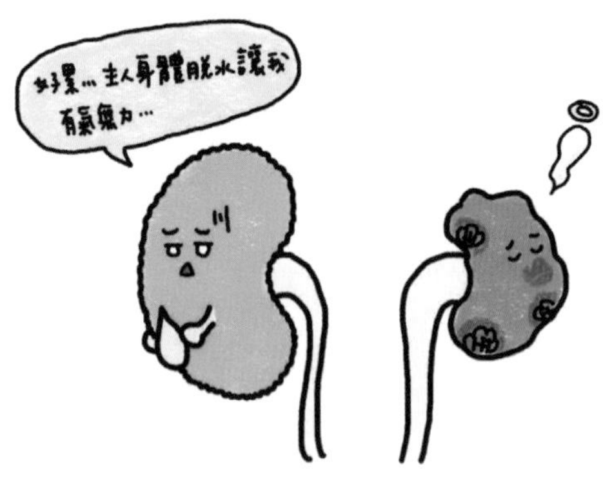

◀ 身體長期脫水使腎功能惡化加速

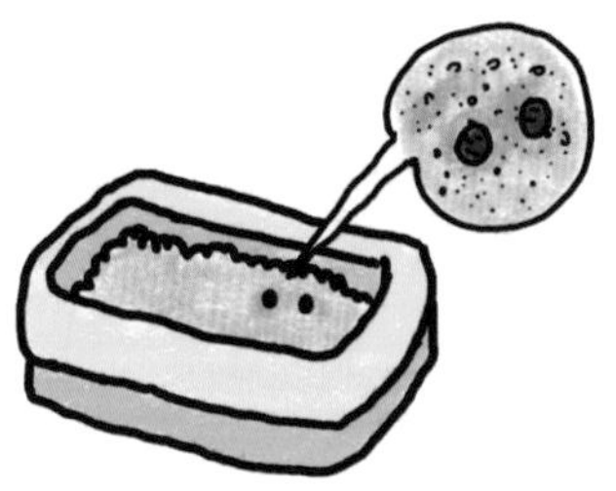

◀ 脫水也會導致糞便乾硬或便祕

如果不想用強迫的方式餵貓咪喝水，濕食或許會是一個選擇。濕食的含水量高，有助於補充水分攝取，比起一般罐頭，腎臟處方罐會是較好的選擇，畢竟蛋白質和磷的含量比較低，但還是得看貓咪是否願意接受。如果貓咪只愛一般罐頭，那麼也只能額外加些水，誘導貓咪多喝水。

另外，食慾很差的貓咪，罐頭或許可以用來刺激食慾，讓他開口多吃一些食物。雖然一般罐頭對慢性腎臟病的貓咪不是好的選擇，但對於減少疾病過程中產生的壓力，不失為一個方法。

◀ 罐頭含水量高，可作爲水分補充

如果已經用盡各種讓貓咪自己喝水的方法，但身體仍持續呈現脫水狀態，皮下點滴治療是另一種可以改善身體脫水的方式。開始給予皮下點滴後，定期帶貓咪回診檢查是很重要的，以避免電解質不平衡，或是其它併發症（如過度水合）的發生。

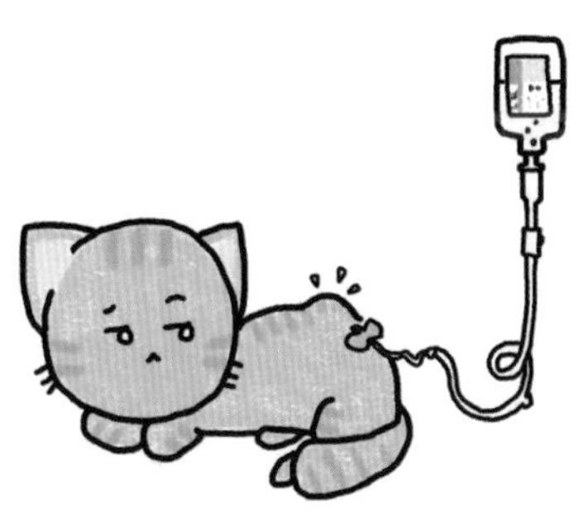

◀ 打皮下點滴也是一種補充脫水的方式

ⓂⓁⓃ✦

能量需求

慢性腎臟疾病、糖尿病與甲狀腺功能亢進同樣都是代謝消耗性疾病，因此，食慾變差造成熱量攝取減少，或是身體對熱量的需求增加，都會造成身體的負能量平衡。為了維持體內能量代謝平衡，身體就會分解肌肉和脂肪組織，最後導致貓咪肌肉明顯喪失和體重減輕。如果是同時有肌少症的老年腎臟疾病貓咪，嚴重肌肉和體重減少會損害身體免疫功能，甚至縮短貓咪的生存時間。

不管是慢性腎臟疾病或是其它慢性疾病，攝取適當的熱量和營養物質，以預防體重減輕和營養不良的發生，對於延長貓咪的生命是很重要的事。當貓咪無法攝取足夠的熱量，或是體重持續減輕時，盡可能提供適口性好且熱量高的食物，甚至考慮放置餵食管，才能在短時間內給予貓咪足夠的熱量，維持體重並減少營養不良的發生。

▲ 對於患有肌少症的年老貓，
限制蛋白質要特別注意

除了幫貓咪計算每日熱量需求和進食量之外，定期回診秤體重，評估身體狀況，根據這些評估才能大概知道營養和熱量攝取是否足夠。例如，當體重減輕或是腰部和大腿肌肉持續減少時，表示飲食攝取熱量不足造成身體組織持續被分解，這時可以和醫生討論如何調整飲食，並改善攝取不足的問題。

腎臟疾病與蛋白質

慢性腎臟病的貓咪是否需要限制飲食蛋白質？這個問題在研究中一直有很多爭議。「飲食蛋白質限制」在數十年的慢性腎臟疾病管理中一直是核心理論，有很多研究報告都提出「限制蛋白質的飲食能延長慢性腎臟疾病貓的壽命」。

▲ 慢性腎臟病要限制蛋白質嗎？

食物中的蛋白質和胺基酸由小腸消化後，大部分被腸細胞吸收。胺基酸會由門脈循環運送到身體組織利用，少部分未被消化的胺基酸會被腸道中的細菌分解成氨。

此外，體內胺基酸的合成代謝也會產生氨，這些氨也會由門脈循環運送到肝臟處理，產生的含氮廢物（如尿素），再由尿液排出體外。

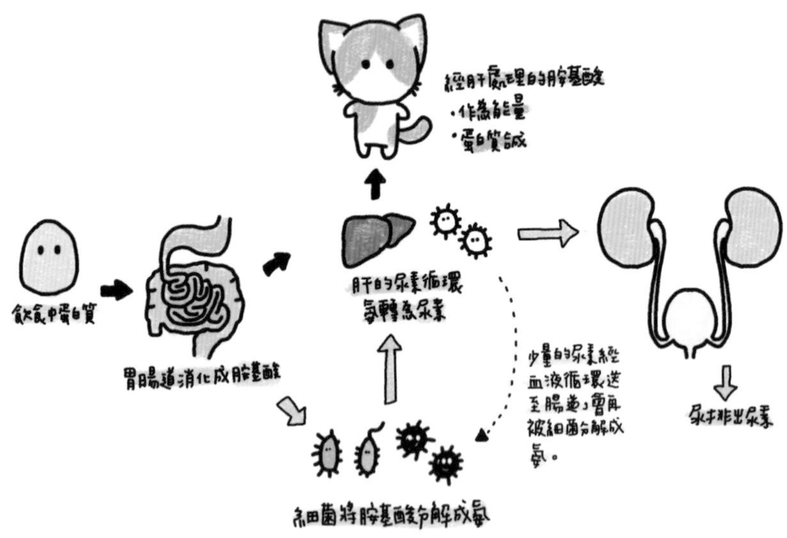

▲ **由飲食蛋白質代謝而來的含氮廢物需由腎臟來排泄**

腎臟功能正常時，能把大多數的含氮廢物經由尿液排出體外；但當腎臟功能嚴重衰退，這些含氮物質會無法完全排出，累積在體內，造成身體的毒性和產生症狀，形成尿毒症。

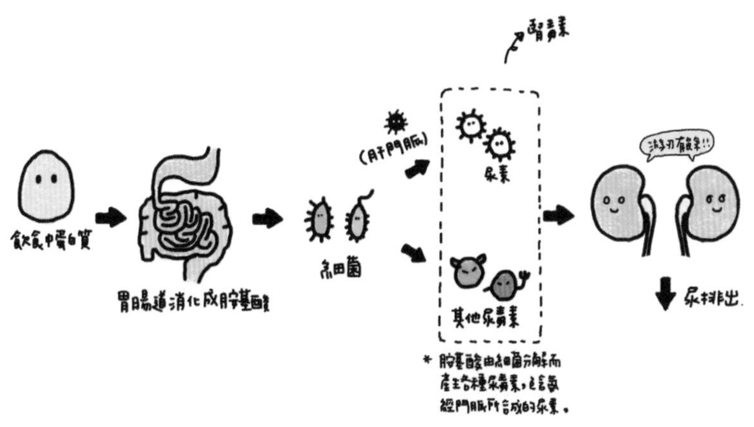

▲ 飲食中蛋白質對腎的影響：
腎臟功能正常時，能將體內大多數的含氮廢物排出體外

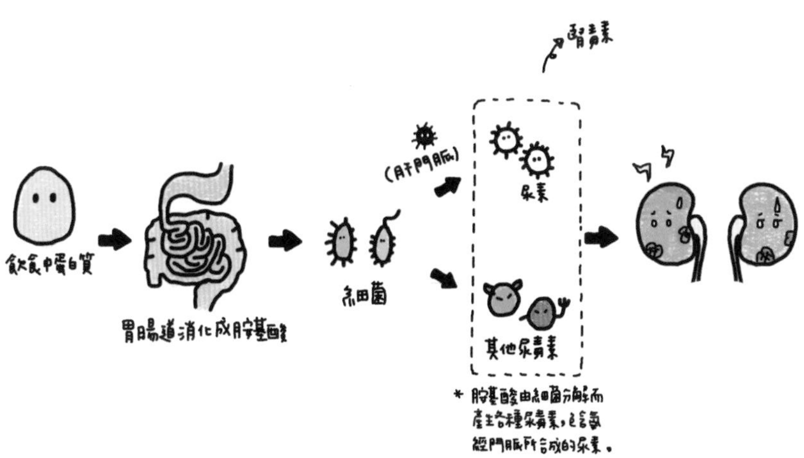

▲ 飲食中蛋白質對腎的影響：
腎臟功能不好時，含氮廢物會累積在體內，而使腎臟持續受損

限制蛋白質飲食可以減少含氮廢物的產生，對於改善尿毒症狀和延緩腎臟惡化有幫助。但在患有慢性腎臟疾病的老年貓咪，或許會需要完整的身體評估來選擇適當的蛋白質飲食。

因為，老年化造成胃腸道消化吸收能力降低，加上疾病引起的進食量減少，如果貓咪又不願意吃限制蛋白質的飲食，都會加劇身體肌肉分解和體重減輕的狀況。惡性循環下，只會讓腎臟功能和身體狀況變得更糟，降低貓咪的生活品質，還可能增加死亡的機會。

雖然目前對於腎臟疾病貓最低的蛋白質需求量尚未清楚，一般建議高於健康成年貓咪的最低蛋白質需求量20%DM，低於維持性飲食的 36 ～ 40%DM；而大部分腎臟處方飲食的蛋白質含量約為 24 ～ 28%DM。

除了限制蛋白質含量，飲食提供的蛋白質質量也很重要。在限制蛋白質飲食裡提供的低量蛋白質來源必須是**優質蛋白質**，才能將飲食中必需胺基酸不足的危險降到最低，避免體重減輕和肌肉流失持續發生。

蛋白尿與低蛋白飲食

尿液檢查對於泌尿道疾病貓咪而言是重要的檢查項目。評估貓咪蛋白尿的現有常規方法中，蛋白質／肌酐酸比（Urine Protein : Creatinine ratio ; UPC）是具有臨床意義的可靠方法，也是貓咪腎臟疾病診斷時的重要參考依據。

為什麼要驗尿蛋白呢？簡單來說，貓咪的每個腎臟內有約 20 萬個腎單元，每個單元是由腎絲球、腎小管和集尿管組成，其中腎絲球的過濾膜就像一個篩網，可以將廢物過濾到尿中，同時防止蛋白質和血球這種大分子物質被過濾到濾液裡。就算有少量的蛋白質被過濾出去了，這些濾液到了腎小管後會再被重吸收，並帶回血液中讓身體利用。但是當腎臟受到損害時，腎絲球的過濾膜孔徑變大，大量的蛋白質就會漏出到尿液中，形成蛋白尿（Proteinuria）。

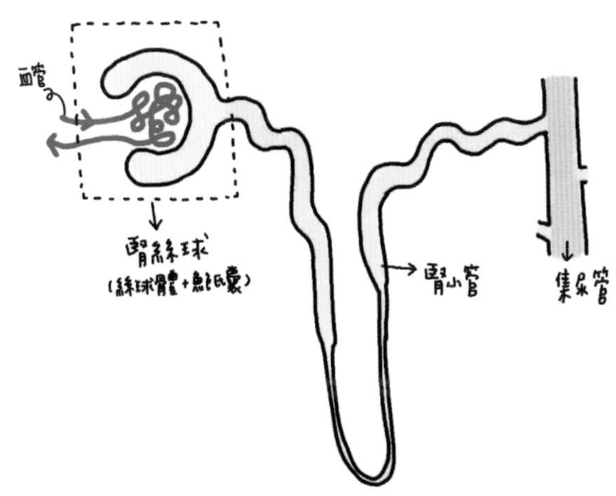

▲ 腎臟由許多「腎元」的構造組成

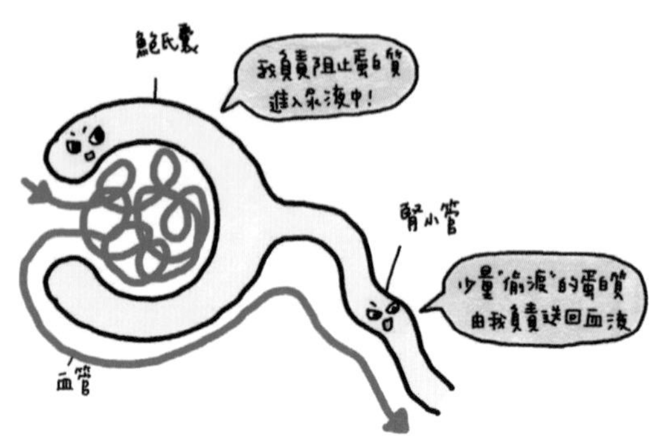

▲ **正常的尿液中幾乎沒有蛋白質**

可能有人會覺得，既然尿中流失了很多蛋白質，那麼應該要由食物中的蛋白質補回來才對，為何還要限制蛋白質的含量？

這是因為腎臟已經受損了！攝取更多的飲食蛋白質，也只會產生更多的含氮廢物，不但沒辦法補充身體需要的蛋白質，反而會增加腎臟的工作量。所以，減少飲食蛋白質才能減少蛋白尿和腎臟的負擔；此外，蛋白尿也會引起腎臟發炎，甚至惡化腎臟功能，增加尿毒症的發病率和死亡率。

因此，在有蛋白尿的慢性腎臟疾病貓咪，給予低蛋白飲食和藥物控制能降低腎臟損害，增加存活時間。

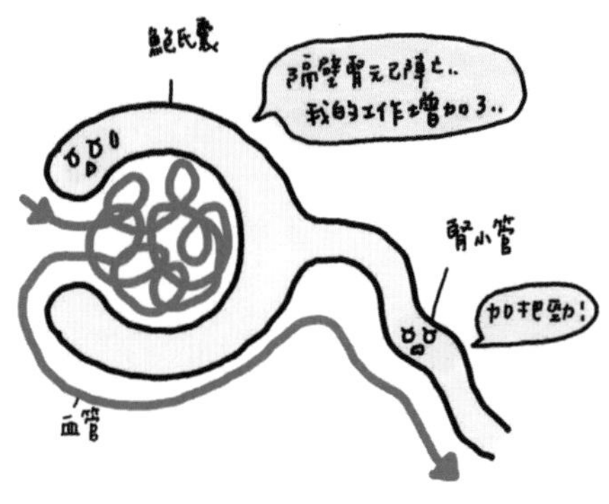

◀ **未損傷的腎元必須承擔腎臟的工作**

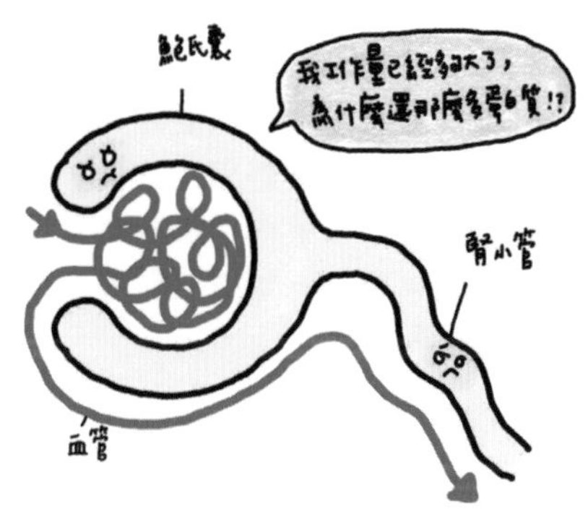

◀ **慢性腎病時若仍吃大量的蛋白質，只會使腎臟的負擔增加**

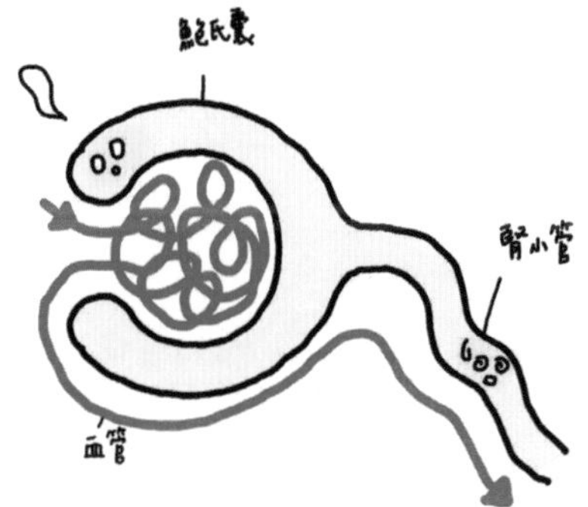

◀ **當工作壓力上升時，會增加腎元損傷**

Q & A

Q、低蛋白質飲食給予的時機？

A、發現貓咪有慢性腎臟疾病時，就需要開始給予限制蛋白質的飲食嗎？國際腎臟權益組織（International renal interest society；IRIS）將貓咪的慢性腎臟疾病分成四個階段，根據每個階段給予飲食建議：

第 I 和 II 疾病階段的慢性腎臟病貓咪在沒有蛋白尿的情況下，不一定要馬上換成限制蛋白質飲食，可以先選擇蛋白質低於 30%DM 的飲食。如果貓咪對飲食接受度高，可以先選擇早期腎臟病飲食，減少蛋白質的攝取；而在體態偏瘦的老年腎臟病貓咪，除了要考慮飲食蛋白質含量，還要兼顧每天能否攝取足夠熱量。

第 III 和 IV 疾病階段的慢性腎臟疾病並有蛋白尿的貓咪，需要給限制蛋白質飲食（如腎臟處方飲食），主要是因為第 III 和 IV 階段已經進入末期尿毒症，加上高量蛋白質飲食會惡化蛋白尿和腎臟的狀況。因此，給予限制蛋白質飲食有助於降低尿毒症狀，並改善蛋白尿對腎臟造成的損害。

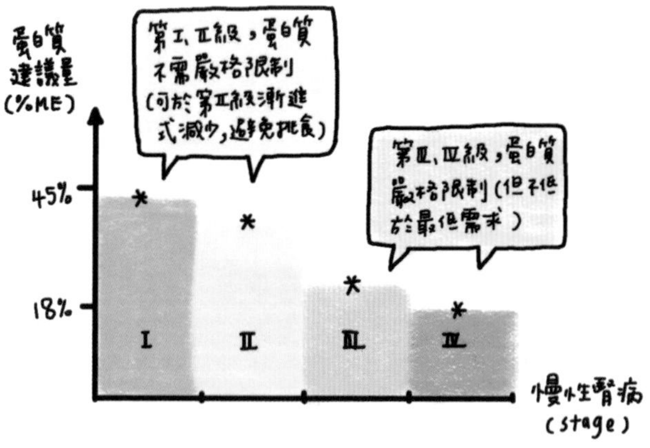

▲ 不同分級腎病的蛋白質建議

不過，第III和IV階段的貓咪會因為尿毒素的影響，而降低對食物的接受度，進而影響對限制蛋白質飲食的意願。

如果是比較挑食的貓咪，在這個階段才開始給予限制蛋白質飲食可能會不願意吃，因此建議在貓咪食慾還沒受到影響的第II階段，就開始逐漸轉換成限制蛋白質飲食，或許能提高對限制蛋白質飲食的接受度。

腎臟疾病與飲食磷

在慢性腎臟病貓咪的飲食中，比起蛋白質的含量，有更多的報告提出限制飲食磷的重要性。

許多飲食中都含有豐富的磷，不論是動物性或植物性飲食來源。正常情況下，體內過多的磷是由腎臟排泄；但當腎臟功能降低時，磷就會滯留在體內，導致高血磷症。

正常鈣磷的調控

正常進食後，食物中的磷大部分會在腸道中被吸收，再經由血液運送到骨頭參與代謝，而多餘的磷大部分會經由血液運送到腎臟，由尿液中排泄出體外；少部分會分泌到腸道，隨著糞便一起排出體外。

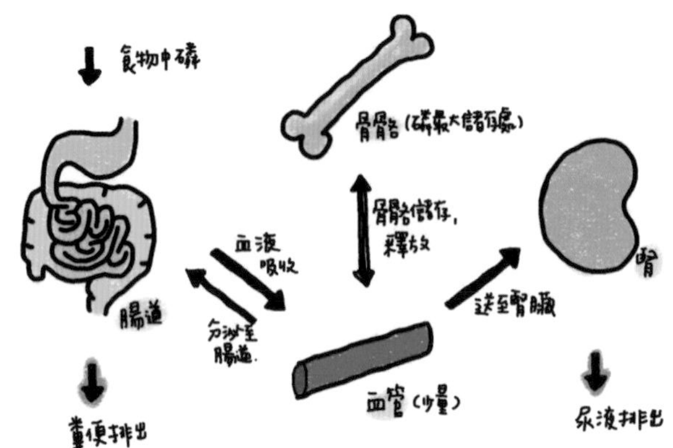

▲ 磷在體內的平衡

體內的磷和鈣會維持一定的平衡狀態，要維持這樣的平衡，除了骨頭、腎臟和腸道外，還需要副甲狀腺素、活性維生素 D3 和 FGF-23 這些內分泌素來參與這個複雜的過程。

簡單說明，當體內鈣磷不平衡（如高磷、低鈣）時，副甲狀腺素分泌，分別作用在骨頭、腎臟和腸道，以增加骨中鈣釋放到血液中，增加腸道吸收鈣，以及增加腎臟排出尿磷，使體內鈣和磷恢復到平衡狀態。

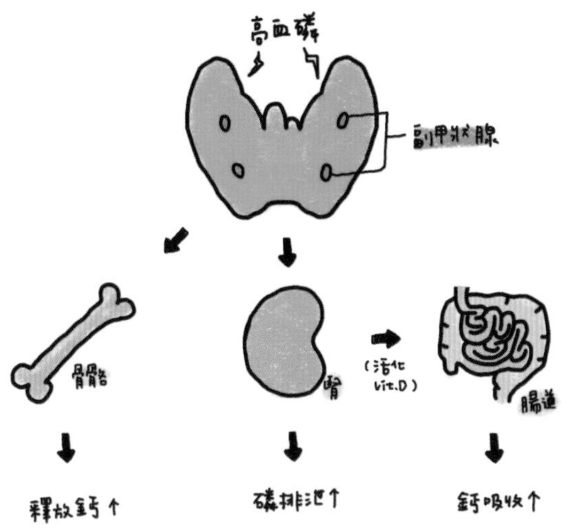

▲ 副甲狀腺的功能爲維持體內鈣磷平衡
（血磷上升時增加磷排泄，且使血鈣上升）

高血磷症對慢性腎臟疾病的影響

腎臟是主要排除磷的器官，當腎臟功能受到損害，導致腎絲球過濾率降低和磷排泄減少，留在體內的磷增加，形成高血磷症（Hyperphosphatemia）。長時間影響下，高血磷症容易引起副甲狀腺過度分泌，而造成繼發性副甲狀腺功能亢進（Secondary hyperparathyroidism）。

磷的滯留會使得副甲狀腺素分泌並刺激骨頭釋放鈣，導致軟組織礦物質化作用（Mineralization），當然也包括腎臟；因為腎臟礦物質化，進而造成腎臟組織炎症和纖維化，使腎臟損害更加嚴重。

低磷飲食的益處

前面也提到慢性腎臟病會使得磷排泄量減少，如果攝取過高的飲食磷會讓更多磷累積在體內，導致繼發性疾病的形成。

但目前沒有適合腎臟疾病貓咪的飲食磷含量的標準，大多還是以 AAFCO 提出的成年貓咪飲食磷的最低需求

0.5%DM 為依據。除了飲食中磷的含量外，鈣和磷的比值也會影響磷的可利用性，因此建議鈣磷比值從 1：1 增加到近 2：1，可以降低磷的消化率。

此外，身體對於食物中磷的利用率，會因飲食組成成分而有很大的不同；不同來源的磷，生物利用率也會不同。例如，有機物來源磷（如肉類、骨粉等）的生物利用率比某些添加的無機物來源（如磷酸鉀）低，這可能會使血清磷在控制上有差異。

但因為無法得知飲食磷實際的利用性，所以選擇低磷含量的飲食會比較好；而腎臟處方飲食又會比低磷飲食更能有效減少高血磷症的發生。

除了限制飲食磷的含量之外，慢性腎臟疾病貓咪的血清磷建議控制在 3 ～ 6mg/dL（每個階段的腎臟疾病控制範圍會有差異）為適當。隨著疾病的進行，當限制磷的飲食無法有效控制血清磷的持續上升時，就要給予磷結合藥物來控制。

不管是限制飲食磷或是給予磷結合藥物，都有助於減少體內磷的滯留和軟組織礦物質化，以預防繼發性副甲狀腺功能亢進等併發症的發生。

Q & A

Q、腎臟處方飲食對腎臟有什麼好處？

A、很多研究報告都證實，吃腎臟處方飲食能增加慢性腎臟疾病貓咪的存活時間。

1. 腎臟處方飲食是在減少蛋白質和磷攝取的量，以減少體內含氮廢物的產生和磷的累積，改善尿毒症症狀；雖然限制蛋白質的含量，但這些都是屬於易消化、高質量的蛋白質。

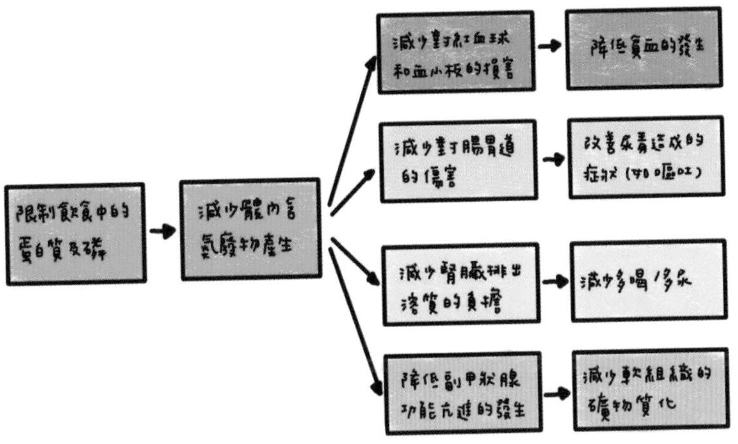

▲ 腎臟病處方飲食控制的好處

2. 處方飲食在限制飲食蛋白質的同時，也增加了飲食中碳水化合物和脂肪含量，以取代減少蛋白質能提供的熱量（尤其是能提供高熱量的脂肪），即使貓咪攝取的食物量不多，也有機會獲得足夠的營養和熱量需求。

3. 處方飲食含有的熱量較高，因此每日進食量或許不用吃很多就能獲得足夠熱量需求，這可以減少貓咪因吃太多造成的胃擴張，以及噁心和嘔吐發生。

4. 處方飲食除了限制蛋白質和磷之外，對於其它物質也有適度的調整，如增加鉀和 Omega-3 的含量。慢性腎臟疾病的貓咪也可能會發生低血鉀症，而對腎臟造成不良的影響，因此在飲食中也會適度增加鉀的含量。

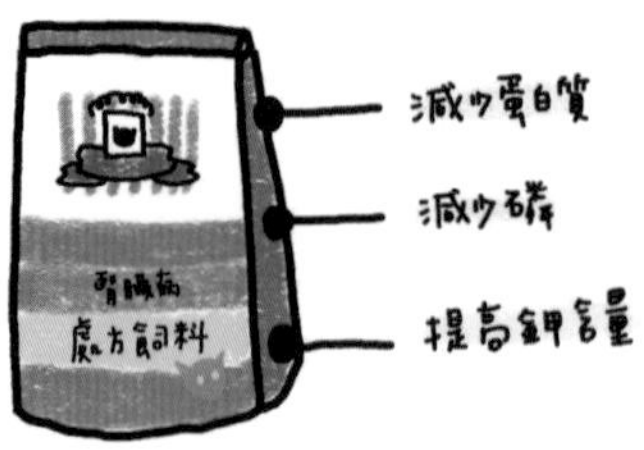

◀ 大部分腎臟處方飲食的特點

雖然腎臟處方飲食對慢性腎臟疾病貓咪的好處很多，但也要看貓咪對處方飲食的接受度，如果無法接受，只能思考找尋其它替代飲食。

Q、貓咪不吃腎臟處方飲食該怎麼辦？

A、許多患有慢性腎臟疾病的貓咪，寧願餓也不願意吃腎臟處方飲食，除了因為飲食適口性差之外，疾病會造成食慾持續下降或厭食，這些都會惡化身體營養不良的狀況。

因此，幫貓咪更換腎臟處方飲食時，可以用一週左右的時間轉換食物，若貓咪還是不願意接受處方飲食，也只能選擇與腎臟處方飲食相近的蛋白質和磷含量的飲食，或是考慮放置餵食管。不過，非處方飲食的食物中含磷量大部分還是偏高，所以可能需要額外給予磷結合藥物，以降低血清磷的濃度，減少腎臟負擔。

不管如何，都得要增加貓咪自己進食的意願，因為不吃只會減少身體肌肉量並惡化疾病狀況。當貓咪進食量明顯減少，或是對食物產生抗拒感，無論哪種飲食都不願意吃時，或許需要考慮放置餵食管來增加熱量和營養的攝取。

腎臟疾病與營養物質

除了藥物、腎臟處方飲食和增加喝水量之外，還能給貓咪什麼呢？對於慢性腎臟疾病的貓咪而言，富含長鏈 Omega-3 脂肪酸的飲食，能夠增加腎臟的血流量，並提升腎絲球過濾效率，對於疾病有幫助；不過，Omega-3 脂肪酸也不是吃越多越好，建議還是與醫生討論後再給予貓咪。

此外，抗氧化劑的補充（如維生素 E、C 和 β-胡蘿蔔素等）可能對減少慢性腎臟疾病的氧化傷害也有幫助。雖然這些營養物質不是藥物，但過度給予還是有可能造成身體的傷害，凡事適量，根據建議劑量給予就好。

對於慢性腎臟疾病貓咪的飲食，家長們都有一定程度的了解，畢竟貓咪發生慢性腎臟疾病的比例真的很高，大家也都絞盡腦汁去想要給貓咪吃什麼才有幫助。

但別忘了，每隻貓咪的營養狀況和治療都不盡相同，還是要定期回診，讓醫生評估狀況（如進食狀況、體重、脫水狀況或營養狀況），經由這些評估來調整治療方式和飲食管理，才能將疾病狀況長期穩定控制。

3-9
癌症（Feline cancer）

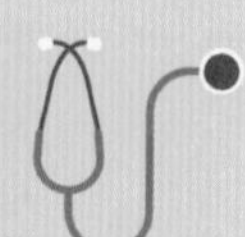

倪小花
年齡不詳，米克斯，絕育♀

小花原本是一隻生活在戶外的三花貓，機緣巧合下來到醫院就診。原本被當作慢性口炎治療，來就診時，發現小花除了過度流口水，口水還混雜了惡臭味和膿樣分泌物。打開小花的嘴巴後，發現舌下有潰瘍和息肉樣病灶，並建議採樣做病理報告。

病理報告的結果是口腔的鱗狀上皮癌。之後，小花除了接受化學療法治療外，還放置了食道餵食管，長期給予營養治療。

小花早安～今天又流著口水過來，是不是很餓呀？
1
咦！怎麼不吃呢？是不是有別人來餵過了？
?
2

仔細一看，小花妳不只流口水，舌頭還掉出來呢，真可愛！
3
終於肯吃啦，果然還是餓了吧！
4

哇！怎麼了！？
喵!!!!
5
唉呀！怎麼有一點血！我得趕快帶妳去看個獸醫～！
6

小花的舌下有個硬塊，所以導致舌頭不能好好收進口腔…
7
這個要採樣才能確定是什麼，我們先幫小花做麻醉前的評估吧。
8

近幾年來，家長對於貓咪疾病、保健與營養的知識慢慢增加，在照顧貓咪上也更加用心和仔細，因此老年貓咪的年齡有慢慢在增加，這代表著貓咪診斷出癌症的可能性隨之增加。

當貓咪罹患癌症，除了給予外科手術和藥物治療方式（如化學治療、放射線治療）之外，同時也要提供適當的飲食管理，才能增強貓咪對治療的忍受力和藥物的治療效果，緩解症狀並改善生活品質，以及延長生存時間。

癌症是什麼？

身體細胞就跟自然界的生命一樣，每分每秒都會有細胞老化死去，並且會產生新的細胞來取代死去的細胞，而體內也會有一個生理機制來控制「細胞的產生」並維持正常細胞代謝。

但是，當一種細胞異常、快速的增加，並且生長不受正常生理機制控制時，這些不正常的細胞就會持續變大，並侵犯周圍正常的組織，最後自成一個團塊。

我們有時在撫摸貓咪的身體時，會發現體表有異常凸起的物體，或是貓咪食慾變差和變瘦，帶去給醫生看時，才發現貓咪體內長出了不知名的「團塊物」。但醫生無法只經由觸診就給出明確的答案，大多會建議採取組織樣本來得知它是什麼。

這些團塊物在採樣後，有些會稱為腫瘤（Tumor或Neoplasm），腫瘤一般分成良性和惡性，必須經由組織病理切片來提供診斷報告。

▲ 每個細胞都有正常的生長代謝

▲ 若細胞的生長不受控就可能癌化

▲ 異常生長的「腫瘤」細胞會影響原本細胞的生長與空間

惡性腫瘤（也稱為癌；Cancer）會侵襲周圍正常組織，並隨著血液或淋巴管散布到附近的組織器官上，「落地生根」產生新的腫塊，最後影響身體的功能，這個過程稱為「轉移」（Metastasis）。

良性腫瘤也會長在身體的任何器官上，但與惡性腫瘤不太一樣的是，大部分會維持在最初的部位。不過，就算是良性腫瘤，如果長在身體要害的部位（如心臟）一樣會對身體功能產生有害的影響。

▲ 癌細胞可能脫離原本位置而進入血管或淋巴管

▲ 癌細胞隨血管（或淋巴管）移到其他組織或器官，
這個過程稱爲「轉移」

ⓘ人ⓘ✦

原因

腫瘤在貓咪形成的原因和人類一樣，大部分是不明原因而且複雜。許多不同的因素都可能會造成腫瘤形成，下面列舉三個與腫瘤形成相關的原因：

1. 病毒因素

有些病毒感染會增加貓咪發生腫瘤的機率，如貓白血病病毒。當貓咪感染這個病毒時，可能會導致淋巴瘤的形成。

2. 環境因素

和人類一樣，生活中的致癌物也會增加貓咪腫瘤發生的機會。像是二手菸就可能會增加貓咪惡性淋巴瘤和口腔癌症的發生機率。

3. 荷爾蒙因素

沒有絕育的母貓發生乳腺癌的機率，比未發情前絕育的母貓還要高，這可能與動情素、助孕素的長期刺激有關。

症狀

不管是什麼疾病，大家最想知道的還是「貓咪會出現什麼症狀？」就如前面提到的，長在體表的腫瘤大多是在撫摸貓咪時發現；而長在體內的腫瘤，初期大部分不會有明顯症狀，但當貓咪出現食慾變差、活動力下降和體重減輕等症狀時，腫瘤可能已經變大了，並且造成貓咪生活上的影響。

如果腫瘤長在肺部，會造成呼吸過喘；腫瘤長在消化道，會造成嘔吐和拉肚子；腫瘤長在口腔內，會造成過度流口水，無法進食。

我們不知道腫瘤何時會找上門，想及早現貓咪長腫瘤（尤其是體內的）並不容易，除了定期身體健康檢查，還需要靠家長仔細觀察貓咪的日常生活是否有改變。

▲ 食慾不振、消瘦等症狀，容易被認爲「只是老化」

3.9

為什麼腫瘤會造成貓咪食慾和體重降低？

1. 腫瘤會與身體互搶營養物質

很多人都知道腫瘤會造成身體健康很大的危害，特別是腫瘤在生長時會與身體競爭營養物質，導致營養不良，這是因為身體的營養需求、腫瘤的需求和體內可利用的營養物質三者之間不平衡所導致。

這就好比是正常農作物與雜草同在一塊土地上競爭生長，腫瘤和身體兩者相互搶能量的狀況下，造成身體能量消耗 > 能量攝取，進而導致貓咪體重減輕。

▲ 腫瘤細胞會競爭身體所需的營養物質

2. 腫瘤會產生抑制食慾的物質

腫瘤初期大多不太會影響貓咪的食慾，但在腫瘤形成的過程中，會釋放出一些細胞因子和腫瘤衍生因子，而造成身體對營養物質的代謝改變，降低身體細胞對於能量的利用；此外，這些細胞因子還會造成食慾抑制，而降低貓咪進食的意願。減少進食使身體無法獲得足夠能量，就會加速肌肉和脂肪組織的分解，導致體重減輕和營養不良。

▲ 腫瘤細胞（尤其是癌）形成時，
會產生影響身體代謝的物質

3. 腫瘤本身和治療過程中造成的副作用

腫瘤生長的位置、大小和分級階段，引起的疼痛或是治療的副作用，都可能會影響貓咪的食慾或營養吸收狀況。例如，口腔或頸部的惡性腫瘤，會造成貓咪吞嚥困難，無法正常進食；腸道的惡性腫瘤，會影響腸道營養的消化和吸收；而各種化療藥物或是外科治療引起的口味改變、厭食、噁心、嘔吐或胃腸道功能受損等，這些都可能導致食慾變差和體重減輕。

▲ 治療腫瘤／癌症的過程
也容易導致食慾下降

癌症惡病質

惡性腫瘤（也就是癌症）的貓咪，會因為食慾持續變差，造成熱量攝取和營養吸收減少，導致營養不良和熱量不足。這時身體需要的胺基酸和能量，就會從肌肉和脂肪組織索取。最終，因身體肌肉和脂肪組織的儲存持續喪失（分解 > 合成），而造成嚴重且持續性的體重減輕狀態，就稱為**「癌症惡病質」**（Cencer cachexia）。

這與單純飢餓引起的體重減輕（會先分解身體脂肪組織，而不是肌肉組織）是不同的，癌症惡病質的體重減輕主要是在肌肉組織的減少，可能會有或是不會有脂肪組織的減少。當癌症惡病質狀態持續發展時，除了會有更嚴重的營養不良和身體變虛弱、免疫力低下及傷口癒合延遲等症狀外，嚴重的甚至會引發貓咪死亡。

飲食管理

不管是癌症對身體造成的影響，還是外科手術、化學治療或放射線療法都可能會降低貓咪的食慾，造成體重減輕並惡化身體代謝狀況，進一步形成惡病質。

想要減緩癌症或治療對身體的傷害，就不能忽略飲食管理在癌症貓咪的重要性。所以盡早讓貓咪接受營養管理，對於延長生存時間、增加對治療的反應以及改善生活品質是非常重要的。

癌症貓咪的能量需求

癌症本身和治療的過程會讓貓咪的食慾變差，造成熱量攝取不足。這時身體會開始利用儲存的醣原、分解身體的蛋白質和脂肪組織，而造成負能量平衡和體重減輕，最終，導致癌症貓咪的體態狀況越來越差。

在體態較差（BCS < 5／9）的癌症貓咪，平均生存時間會比體態正常的貓咪更短；除了生存時間縮短外，還可能會影響身體對於藥物治療的反應或無法繼續治療。

因此，如何讓癌症貓咪能維持身體的正能量平衡（能量攝取 > 能量消耗）是非常重要的事。

癌症貓咪每天要吃多少才夠？

每次要問家長貓咪進食或喝水狀況都很令人傷腦筋，因為每個人對於「吃和喝」的認知不同。例如，看到貓咪頻繁進食，會覺得貓咪都有吃很多；或是兩隻貓咪同吃一碗食物，每天都吃完，也會覺得貓咪食慾很好，但每隻貓咪各自吃了多少，就不得而知了。因此，計算癌症貓咪每天需要的熱量，並量化吃進身體裡的食物量是很重要的事。

癌細胞會持續和身體正常細胞爭奪營養物質，並改變身體能量的消耗，所以很難知道身體實際上需要多少能量。如果能計算出癌症貓咪每天需要吃多少熱量和食物量，以及測量貓咪每天吃了多少，並根據體重變化來調整進食狀況，或多或少能減輕因癌症引起的營養不良和體重減輕問題。

雖然目前的熱量計算方式可以評估貓咪的每日能量需求（請參考 P.143 成年貓章節），但仍然沒有一個很準確的方式。不過，幫癌症貓咪計算每日能量需求仍是支持並穩定身體狀況最實用的方式。

▲ 爲癌症的貓咪監控體重很重要

計算癌症貓咪每日能量需求前，醫生一定會先幫貓咪評估身體狀況評分和肌肉狀況評分，因為不管是慢性疾病或是癌症貓咪，肌肉消耗通常會比脂肪更多，這會讓體重減輕的狀況更加明顯。

因此，偏瘦的癌症貓咪必須想辦法增加熱量攝取和增加體重。輕度營養不良的癌症貓咪，每日能量需求是靜止能量需求的 1.2 ～ 2 倍；而嚴重營養不良的貓咪，每日能量需求可以為 2 倍以上的靜止能量需求。

然而，並不是所有的癌症貓咪都很瘦，也有貓咪的體態是偏肥胖，這也會影響到身體狀況（如免疫功能），所以肥胖貓咪必須控制體重，減少過多的熱量攝取。根據肥胖癌症貓咪的身體狀況，每日能量需求可以是靜止能量需求的 0.8 ～ 1 倍。藉由調整適合每隻癌症貓咪的營養需求，讓體態和營養狀況逐漸達到理想狀態。

▲ 患有癌症的貓咪也應維持良好體態，而非無限增肥

不過肥胖癌症貓咪和正常肥胖貓咪一樣，就算過胖也不建議在疾病期間嚴格限制熱量攝取，這可能會讓蛋白質和熱量攝取不足，反而造成營養不良、身體肌肉減少，甚至影響傷口癒合和免疫抑制等不良反應。

增加貓咪進食意願

癌症貓咪如果能自己極積主動進食，是滿足身體能量需求最有效的方式。要增加貓咪主動進食的意願，食物本身的適口性、質地、香氣等都是要考慮的因素。

當貓咪因為癌症或治療過程引起胃腸道症狀或抑制食慾時，少量多餐並提供適口性高的易消化食物；或選擇貓咪喜歡的食物味道和質地；或將食物加溫增加香氣，並在沒有壓力的環境下餵食，或許能增加主動進食意願和進食量。

在癌症初期且貓咪食慾正常時，盡可能讓貓咪將體態維持在理想範圍內，隨著疾病進入後期階段，會逐漸影響到貓咪的食慾，當食慾降低就會影響熱量攝取。如果疾病狀況的惡化已經造成不吃和消化道症狀，可給予促進食慾和控制胃腸道症狀的藥物，減少體重變輕的問題。

▲ 爲食慾不好的貓咪準備
適口性好的食物，或許能刺激進食

餵食管放置是必要的嗎？

對於癌症貓咪來說，無論是積極治療或是安寧照護，提供適當且衡均的營養是很重要的治療環節，但很多家長在餵食照護上都會遇到一些問題——「貓咪都已經不想吃了，用餵食管強迫他吃真的比較好嗎？好像讓他很痛苦？」「放置餵食管餵食，感覺貓咪會很不舒服！」

每個人對於生病造成不舒服的定義不盡相同，就要看家長想給貓咪什麼樣的治療方式。但可以確定的是，身體營養狀況不好只會加速疾病惡化，讓貓咪剩下時間的生活品質變得更差。

▲ **有部分病患不是因癌症而死亡，**
而是營養不良

當貓咪的食慾開始變差，或是因癌症無法進食時，攝取的食物量無法滿足身體需求，而藥物（如食慾促進劑）也無法讓貓咪吃到計算後熱量需求的66%以上時，會建議考慮放置餵食管來給予足夠的營養。

放置餵食管可以讓貓咪在無壓力的情況下，攝取到足夠的食物量和熱量，讓營養物質和藥物能經由胃腸道途徑代謝吸收，並保持腸道的蠕動功能和健康，減少併發症的發生。不過，貓咪適不適合放置餵食管，或是選擇放置哪一種餵食管，要根據貓咪現階段的身體狀況，以及醫生的評估和建議來決定。

因此，癌症貓咪無論是治療前、治療期間或治療後，都需要提供營養均衡、易消化且高熱量的飲食，避免體重減輕是治療的重要關鍵。適當的營養管理對於改善癌症貓咪的生活品質和身體狀況、提高治療效果以及增加生存時間是有幫助的。

ⓂⓐⓃⓉ✦

癌症貓咪的營養需求

很多癌症貓咪在出現症狀之前，體內的營養物質代謝就已經開始改變。這些改變有利於癌細胞生存，卻會導致貓咪身體持續性的營養不良，因此必須根據每隻貓咪的需求進行營養支持管理。營養目標主要是在保持淨體重，減少代謝改變和胃腸道功能障礙，並改善生活品質。

1. 蛋白質需求

無論是身體細胞或癌細胞，生長時都需要胺基酸和能量，加上癌症細胞的生長速度快、代謝率高，因此蛋白質的需求量會更高。癌症需要的胺基酸是透過分解身體的淨體重*（如肌肉組織）代謝產生，而能量則通過體內葡萄糖（來自飲食）和胺基酸糖質新生作用產生。當這些代謝性消耗持續發生，最後會造成身體的能量和蛋白質處在負平衡狀態（消耗 > 攝取），長期下來變成營養不良，最終甚至發生惡病質。

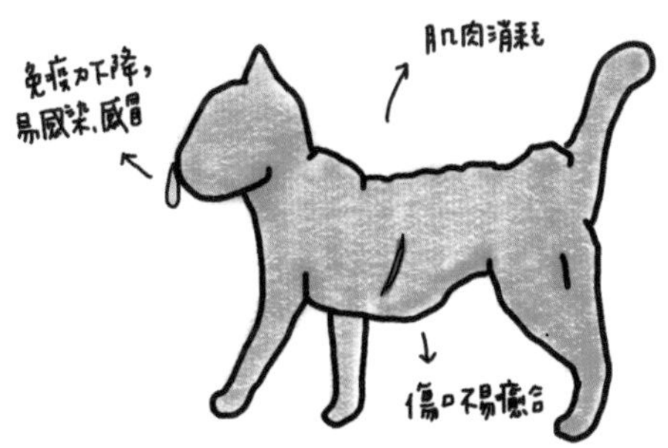

▲ 蛋白質入不敷出可能導致的結果

在 1-4 中也提到，貓咪的身體沒有儲存蛋白質的能力，因此癌症貓咪的飲食管理主要是減少身體肌肉被分解及蛋白質營養不良的發生。提供易消化的蛋白質飲食，有助於減少因癌症或治療期間引起的身體蛋白質損失。

這些易消化的優質蛋白質飲食中含的必需胺基酸，對於促進身體蛋白質合成和維持身體淨體重有幫助，但必須在攝取足夠熱量的前提下。

癌症貓咪的飲食蛋白質建議量是成年維持期的 1.5 至 2 倍，但這是肝臟和腎臟功能正常及體態偏瘦的貓咪的建議給予量；如果肝臟和腎臟功能不佳，必須和醫生討論後再決定飲食蛋白質要給多少。

2. 脂肪

癌症除了會增加身體蛋白質的分解代謝外，脂肪組織自然也逃不過被分解的命運。癌症會增加身體脂肪的分解，並減少脂肪的合成，這些會增加身體脂肪組織儲存的消耗，也是造成體重減輕的原因之一。

因此，適度增加飲食脂肪含量（25～40%DM）就能有效提高食物中的能量密度，降低癌症貓咪因熱量不足造成的疾病惡化。

高脂肪飲食對癌症貓咪的的好處

a. 大部分的癌細胞會先利用碳水化合物作為能量來源，蛋白質則為次要選擇，卻不太會利用脂肪；而身體細胞卻可以利用氧化脂肪來獲得能量，因此高脂肪飲食可以優先提供身體細胞能量來源。

b. 脂肪可以提供比蛋白質或碳水化合物更多的熱量。當癌症貓咪主動進食的意願降低，或以餵食管灌食時，增加食物中脂肪含量，可以提高食物熱量密度，避免因進食量減少而造成的熱量攝取不足。此外，脂肪可以增加食物的適口性，增加貓咪主動進食的意願。

C. 脂肪不單只是提供身體熱量，脂肪中的 Omega-3 脂肪酸也是重要的營養物質。有報告提出，在癌症貓咪的飲食中添加 Omega-3 脂肪酸（特別是 EPA 和 DHA），可以減弱來自癌症惡病質的炎症反應並改善免疫功能，以及改善對化療的不良反應，延長癌症貓咪的生存時間。

▲ **脂肪在癌症貓咪飲食的優點**

目前 Omega-3 脂肪酸的給予量尚未有確定劑量，使用前建議先和醫生討論。

可能有家長會覺得既然 Omega-3 脂肪酸對貓咪有幫助，那麼吃多了也無害，但如果給予貓咪過多的 Omega-3 脂肪酸，有可能會降低血小板的功能，以及降低血管收縮功能，甚至可能損害正常的免疫功能。所以，不要認為「多吃無害」，還是要遵照醫囑給予，才能將 Omega-3 脂肪酸的效益發揮到最大。

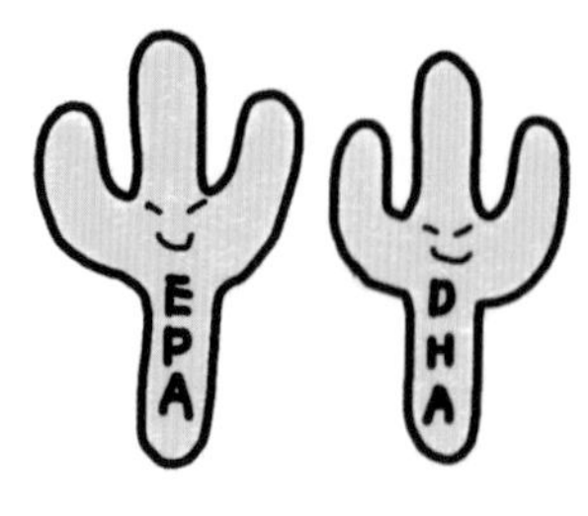

◀ Omega-3（尤其是 DHA 和 EPA）能降低癌症引起的發炎反應

Q & A

Q、高脂肪和高蛋白質飲食適合所有癌症貓咪嗎？

A、雖然高蛋白質和高脂肪飲食可以減少癌症貓咪的蛋白質營養不良和提供足夠的熱量，但不是所有類型的癌症貓咪都適合較高蛋白質和脂肪的飲食，在某些情況下要特別小心。

例如，肥胖或肝腎功能異常的癌症貓，給予這些飲食時必須先跟醫生討論再做選擇。因為這些情況有可能需要限制飲食蛋白質或脂肪的含量，就會需要調整其它營養物質的比例，例如增加飲食碳水化合物的含量，來取代不足的飲食熱量。

3. 碳水化合物

碳水化合物在貓咪的飲食上，一直是被高度討論的話題。有些人認為貓咪的身體不需要碳水化合物飲食，或是癌細胞會先利用碳水化合物，所以不要給予含碳水化合物的飲食對疾病狀況會有助益。

雖然癌細胞會優先利用碳水化合物代謝後產生的葡萄糖，而非胺基酸或脂肪酸，也不代表「給碳水化合物飲食會惡化癌症貓咪的狀況」。

無論是來自飲食中的碳水化合物，還是體內胺基酸糖質新生作用產生的葡萄糖，癌細胞總是能比身體細胞更快搶到葡萄糖來使用。如果飲食中缺乏碳水化合物來源的熱量，就必須完全由脂肪和蛋白質來提供，在有些需要限制蛋白質或脂肪的情況下，高蛋白質或高脂肪飲食可能會惡化疾病狀況。

比起簡單型碳水化合物，複合型碳水化合物在腸道中被消化吸收後，葡萄糖釋放到血液中的速度比較緩慢，可以減少碳水化合物造成的不良影響。此外，這類碳水化合物中含有的纖維，對控制糞便質量異常（如便祕或下痢）有幫助，特別是在貓咪接受化療過程中產生的胃腸道作用。

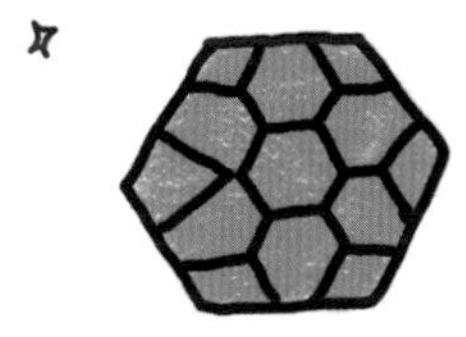
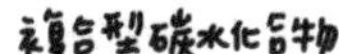

◀ 複合型碳水化合物及纖維，都是癌症輔助飲食的選擇

雖然目前要給癌症貓咪多少飲食碳水化合物沒有明確的數據報告，但也不需要過度限制飲食碳水化合物；因為，中度的碳水化合物可提供適當的飲食熱量，對於降低身體負能量平衡是有幫助的。

因此，與其選擇不給碳水化合物飲食，不如詳細評估貓咪身體狀況後，根據需求給予營養均衡的飲食，減少熱量或營養攝取不足的發生。

Q & A

Q、限制飲食碳水化合物有可能「餓死」癌細胞？

A、大部分的癌細胞無法經由有氧糖解或脂肪氧化來獲得能量，所以碳水化合物提供的葡萄糖是它們最好的能量來源。癌細胞生長的過程中會代謝葡萄糖作為能量，並產生乳酸（無氧糖解的產物），而身體會再將這些乳酸轉化回葡萄糖（消耗身體的能量）變成能量來使用。惡性循環的最終結果是身體消耗大量能量，而癌細胞得到能量，這種有氧糖解作用也被稱為瓦伯格效應（Warburg effect）。

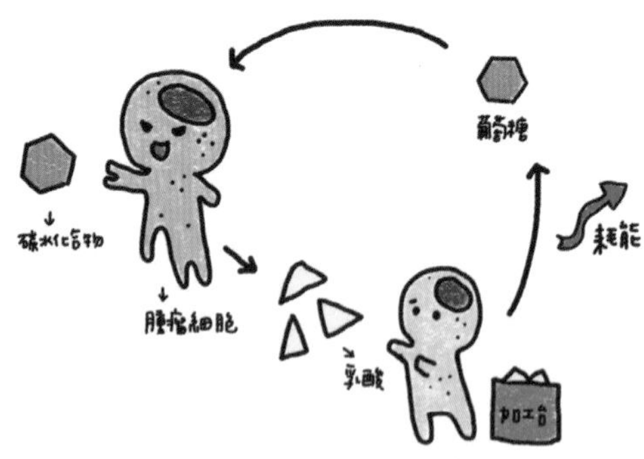

▲ 癌細胞使用葡萄糖來產生熱量，並產生大量乳酸；身體則會將這些乳酸轉爲葡萄糖再利用

這個效應引發了利用降低或無碳水化合物飲食來「餓死」癌細胞的假設，但並非所有種類的癌細胞都只能通過有氧糖解作用來得到能量。有研究報告表示，一些癌細胞具有代謝靈活性，能夠適應自身的代謝變化，並根據營養的可用性、腫瘤微環境等，調整營養物質的代謝來獲得能量。因此，只是單純限制飲食碳水化合物，無法減少癌細胞的營養攝取和抑制其生長。

Q & A

Q、有什麼飲食是適合所有癌症貓咪的？

A、每隻癌症貓咪都需要經過仔細和個別評估，如身體狀況、癌症類型、疾病嚴重程度和有無併發症等，這些因素會因貓咪而異，所以適合或建議的飲食都會不同，因此沒有哪一種飲食適合所有類型的癌症貓咪。

以高熱量、易消化和營養完整均衡的飲食作為選擇的條件，找到一種貓咪願意接受的飲食，同時它也要能夠維持貓咪的淨體重和正能量平衡。

而重症或幼貓飲食大多具有類似的飲食特性，在評估貓咪的身體和疾病狀況後，如果適合也可以考慮給予。此外，自製飲食或許也是一個能考慮的選項，但要找到一位專業的營養獸醫師為貓咪量身打造食譜，才能讓癌症貓咪得到既均衡又營養而熱量也足夠的飲食。

▲幼貓飲食的特性適合給癌症貓咪

大部分的人會認為乾食含有的碳水化合物偏高，並不適合食肉性的貓咪，當然也會認為癌症貓咪不適合這類飲食。但如果癌症貓咪接受乾食的意願較高，碳水化合物也能提供額外的熱量和纖維，考量到不吃、吃不夠對身體造成的不良影響比給予碳水化合物飲食還要糟糕，所以如果癌症貓咪只願意吃乾食，可以選擇碳水化合物含量較低的飲食，能讓貓咪願意多吃一些，總比什麼都不吃更好。

除了蛋白質、脂肪和碳水化合物這些能提供熱量的營養物質外，水分、維生素和礦物質的基本需求也要留意。當貓咪水分攝取不足時，脫水也會惡化疾病狀況。因此，需要仔細觀察貓咪水喝得夠不夠，並提供額外的水分讓貓咪攝取。

此外，雖然飲食的完整和均衡很重要，但食物的消化性、適口性、貓咪對飲食的喜好或實行上的便利性等，這些都是癌症貓咪營養管理需要考慮的因素。

營養添加物

很多家長都會想為癌症貓咪尋找有幫助的營養品，為的就是延緩癌細胞惡化，甚至希望能讓癌變小，爭取能多陪伴貓咪的時間；不過，家長還是要了解任何營養補充品都是輔助治療，它無法取代原有的治療。

在一些小動物的研究報告中，麩醯胺酸（Glutamine）和精胺酸（Arginine）等胺基酸被認為對癌症貓有幫助，如改善癌症貓咪的蛋白質代謝、免疫功能及腸道功能等。這些胺基酸在健康貓咪的確是重要營養物質，但實際在癌症貓咪的特定益處，還需要更多進一步的研究才能更確定。

當癌症進入末期階段，所有治療方式和營養支持也無法改善身體功能或維持生活品質時，除了密切與醫生討論貓咪的身體狀況外，家長也要開始思考營養治療對貓咪的必要性，並思考想給他什麼樣的生活和治療方式，盡可能減少在疾病過程中承受的痛苦與不舒服。

參考書籍

Case, L. P., Daristotle, L., Hayek, M., & Raasch, M. F. (2011). Canine and Feline Nutrition: A Resource for Companion Animal Professionals (3rd ed.). Elsevier.

Fascetti , A. J., & Delaney, S. J. (2012). Applied Veterinary Clinical Nutrition (1st ed.). Wiley-Blackwell.

Little , susan E. (2012). The Cat: Clinical Medicine and Management (1st ed.). Elsevier.

Mott, J., & Morrison, J. A. (2019). Blackwell's Five-Minute Veterinary Consult Clinical Companion: Small Animal Gastrointestinal Diseases. Wiley-Blackwell.

Wortinger, ann , & Burns , K. M. (2007). Nutrition and Disease Management for Veterinary Technicians and Nurses (2nd ed.). Wiley-Blackwell.

後記

最初想用輕鬆有趣的方式，寫出與貓咪營養有關的簡單知識，但在不知不覺中，好像又變成了教科書般的書籍。

當初寫作時，是想寫一本閱讀後能對貓咪營養知識產生多層面思考的書，透過簡單了解貓咪身體的生理作用，去理解他們在營養代謝上為何會與人類這麼不同，接著再延伸到疾病狀態的營養需求——因為，了解後更容易理解，為何醫生在貓咪飲食上會做這樣的建議、或是為什麼營養需求會與健康時不同。

此外，我們往往容易被既有的框架限制，就像是書中提到多次「貓咪是食肉性動物」的特性，說明他們是適合高蛋白質飲食的動物，如果只看到這裡，就會認為貓咪適合高蛋白質飲食；接著，因為堅持「食肉性」的既定印象而加深對某些營養物質（如碳水化合物）的誤解，並認為不該提供給貓吃……這些在特殊情況下，不見得是正確的想法，每種營養物質一定有存在的必要性，就算只是少量的需求，都還是要均衡攝取，才不會導致身體缺乏或營養不均衡。

而貓咪的身體是活的，會不停改變，無法像機器般零件壞掉只要換新就能正常運作，有時就算照常規方式治療，結果都不一定一樣或有好的結果，可能還會再出現新的突發狀況。在飲食管理上也一樣，例如原本只有腎臟疾病的貓咪，給予低蛋白質和低磷飲食對疾病有幫助，但若貓咪對這類飲食的接受度比較低，使進食量減少導致體重減輕或肌肉減少，就可能惡化疾病狀況……

因此，在飲食營養上需要思考的不只是營養物質的建議攝取量，飲食組成成分、貓咪的身體狀況（如體態、疾病狀況等）、對飲食的接受度、餵食方式、每天應該攝取的總量等等，這些因素都必須考慮，再根據每隻貓咪的身體狀況找到適合他的飲食或營養物質含量。

因為疼愛這些貓咪，所以希望給他們最好的飲食，讓他們能健康生活和長久陪伴在身邊。然而，對貓咪而言什麼才是最健康或最好的飲食？我到現在也還在思考、調整中，也許沒有哪種飲食一定是最好的，但總有適合不同個體的飲食。

因此，很希望大家可以用更開闊的想法來思考貓咪的飲食營養，才能得到更多、更不同的營養觀念，請不要被框架局限住！

前台北中山動物醫院主治醫師
前 101 台北貓醫院院長
來地喵喵貓醫院院長

陳千雯

貓咪的食萬個為什麼？
圖解「吃」的學問與科學

貓咪的食萬個為什麼？圖解「吃」的學問與科學 / 陳千雯著．黃郁文繪 -- 初版．-- 臺北市：城邦文化事業股份有限公司麥浩斯出版：英屬蓋曼群島商家庭傳媒股份有限公司城邦分公司發行，2024.05，368 面，17 x 23 公分

ISBN 978-626-7401-13-2(平裝)
1.CST: 貓 2.CST: 寵物飼養 3.CST: 健康飲食

437.364　　112021839

作　　者　陳千雯
繪　　者　黃郁文
責任編輯　王斯韻
美術設計　Zoey Yang
封面設計　Vicky

社　　長　張淑貞
總 編 輯　許貝羚
行銷企劃　呂玠蓉

發 行 人　何飛鵬
事業群總經理　李淑霞
出　　版　城邦文化事業股份有限公司 麥浩斯出版
地　　址　115 台北市南港區昆陽街 16 號 7 樓
電　　話　02-2500-7578
傳　　真　02-2500-1915
購書專線　0800-020-299

發　　行　英屬蓋曼群島商家庭傳媒股份有限公司城邦分公司
地　　址　115 台北市南港區昆陽街 16 號 5 樓
電　　話　02-2500-0888
讀者服務電話　0800-020-299（9：30 AM ~ 12：00 PM；01：30 PM ~ 05：00 PM）
讀者服務傳真　02-2517-0999
讀者服務信箱　csc@cite.com.tw
劃撥帳號　19833516
戶　　名　英屬蓋曼群島商家庭傳媒股份有限公司城邦分公司

香港發行　城邦〈香港〉出版集團有限公司
地　　址　香港九龍土瓜灣土瓜灣道 86 號順聯工業大廈 6 樓 A 室
電　　話　852-2508-6231
傳　　真　852-2578-9337
Email　hkcite@biznetvigator.com

馬新發行　城邦（馬新）出版集團 Cite (M) Sdn Bhd
地　　址　41, Jalan Radin Anum, Bandar Baru Sri Petaling, 57000 Kuala Lumpur, Malaysia.
電　　話　603-9056-3833
傳　　真　603-9057-6622
Email　services@cite.my

製版印刷　凱林印刷事業股份有限公司
總 經 銷　聯合發行股份有限公司
地　　址　新北市新店區寶橋路 235 巷 6 弄 6 號 2 樓
電　　話　02-2917-8022
傳　　真　02-2915-6275

版　　次　初版一刷　2024 年 5 月
定　　價　新台幣 680 元　港幣 227 元
ISBN　978-626-7401-13-2（平裝）

Printed in Taiwan